科学可以这样学

北京市科学技术协会
科普创作出版资金资助

万物有数学

《知识就是力量》杂志社 编

机械工业出版社
CHINA MACHINE PRESS

本书带领中小学学生进入了奇妙的数学世界：作为目前世界上规模最大的单体机场航站楼——北京大兴国际机场在设计中运用了哪些几何学知识？魔术师是如何仅用一副扑克牌，将数学知识玩得“炉火纯青”的？台球、足球、篮球，这些运动中蕴含着怎样的数学原理？数学家是如何研究并计算出 π 的？……这些问题的背后都隐藏着神奇的数学奥秘。

本书从数学在工程设计中的巧妙运用、破解神秘的数字密码、玩转生活中的趣味数学、数学研究中的奇妙探索四个方面给中小学学生呈现出数学在我们生活以及科技发展上所起的重要作用。希望阅读本书的中小学学生能够从中了解数学学习的意义，培养学习数学的浓厚兴趣！

图书在版编目（CIP）数据

万物有数学 /《知识就是力量》杂志社编. -- 北京：机械工业出版社，2024. 10. --（科学可以这样学）.
ISBN 978-7-111-76674-2

Ⅰ. O1-49

中国国家版本馆 CIP 数据核字第 2024QK1053 号

机械工业出版社（北京市百万庄大街 22 号　邮政编码 100037）
策划编辑：彭　婕　　　　责任编辑：彭　婕　李　乐
责任校对：张昕妍　梁　静　责任印制：李　昂
北京尚唐印刷包装有限公司印刷
2025 年 1 月第 1 版第 1 次印刷
170mm × 240mm · 10 印张 · 109 千字
标准书号：ISBN 978-7-111-76674-2
定价：69.00 元

电话服务　　　　　　　　网络服务
客服电话：010-88361066　机　工　官　网：www.cmpbook.com
　　　　　010-88379833　机　工　官　博：weibo.com/cmp1952
　　　　　010-68326294　金　书　网：www.golden-book.com

机工教育服务网：www.cmpedu.com

编委会

随着人工智能时代的到来，人类社会将会有越来越多的体力和智力劳动被计算机所替代，这一趋势最底层的逻辑就是“物莫不有数”“万物皆数”——这两个论断分别来自我国南宋数学家秦九韶和古希腊数学家毕达哥拉斯。可见，东西方文化对于“数学无处不在”的认识都有着悠久的历史，这一认识的实践表现就是我们可以将事物数字化、事物间的关系运算化、做事过程算法化。在现代信息技术发展的加持下，“数学无处不在”将成为从只有数学家理解之事到寻常百姓都需要理解之理。而你手中的这本书，就体现了这一思想，为你打开了一扇数学学习的大门。

你可以在问题探究的过程中拓展数学知识

一本书当然无法涵盖数学存在的所有领域。本书选择了建筑工程、信息安全、体育运动、文学艺术、日常生活中有代表性的事件、现象，涉及的数学内容包括数论、代数、几何、概率、逻辑等，总体来说，探讨的问题几乎在中小学数学的基础知识范围内都能理解，但是对于中小学学生来说，其中许多问题和结论不仅能够开阔其数学应用的视野，也能增进其对数学过程的理解。比如，经常乘坐公交车的人会有一种“总是赶不上公交车”的感觉，本书通过对这一问题进行量化研究，解释了这一感受的合理性，示范了如何用数学方法研究生活中的现象；再比如，中小学数学中探讨密铺问题时提到，只有正三角形、正四边形、正六边形可以单独密铺，这很容易得出正五边形不能密铺的结论，但是本书所介绍的两种彭罗斯非周期性密铺的基本图形则来自对“不能密铺的正五边形”的不断探索，这无疑打破了上面的结论，这是创造性数学思维活动产生的一个典型案例，在如今以创新型人才培养为重要目标的视野下，这样的案例具有非常重要的借鉴和启发意义。

你可以在解决实际问题的过程中发现数学的价值

本书并未讲述很多道理，而是借助一个个例子展示着无处不在的数学的力量与作用：数学能够丰富建筑师的想象力，从而让建筑的“曲面自由弯曲、曲线肆意张扬”；在设计中运用数学思维能够让楼梯走起来更舒适，让地砖更多样乃至成为艺术品；数学让信息传输更安全；数学告诉你在投篮时手掌拨一下球会使得投中率更高，足球门将遇到“单刀球”时果断出击会更保险……相信通过本书，你会觉察到我们每个人其实都是数学发展成果的受益者，也可以成为数学发展的参与者。

你可以在数学思维的培养中体会数学思想

进入 21 世纪以来，我国中小学数学课程提高了对数学应用的重视程度，模型观念、应用意识的形成成为数学课程的基本目标。数学是思维的体操，数学活动的核心就是思维活动，一个数学问题的解决要想取得有意义的进展，必然运用有效的思维方式，包括比较、分类、归纳、分析、综合、抽象、推理、直观想象等，对一些重要的数学问题的研究，往往会引起对研究过程中所运用的有效思维的成果提炼，这些提炼出的成果被称为“数学思想”。数学思维与数学思想是数学活动取得有效进展的基本保障，有些数学活动还会贡献数学新思维、发展数学新思想。相信通过本书以及其他的数学阅读和学习经历，你能有所体会。

今日数学领域的前沿问题一般人都难以望其项背，极其高深，但这些高深的数学与我们身边简单的数学之间有着密切的关系，从简单到高深则源自数学家们对看似平常之事的好奇和对表面不可能完成之事的执着。比如数独，单纯掌握一种填写方法纵然有成就感，然而，数学家们的区别在于，他们不满足于一种填写方法，而是努力探求多种方法、所有方法，更关心方法间的关系和更一般的数学规律。这种永葆好奇、勇于探索和挑战的精神是推动数学发展的动力，也是激励我们持续学习数学的动力来源。希望这本书能够帮助你“看到”和理解数学人的这些品质，让自己在前进的道路上“永远是少年”。

北京教育学院数学与科学教育学院教授

北京数学会副理事长

顿继安

目录

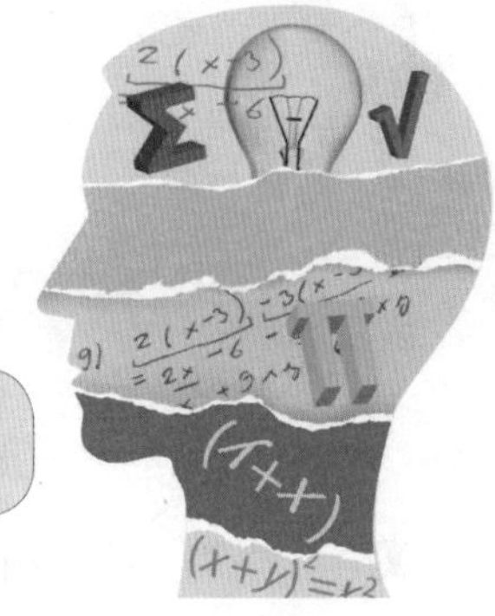

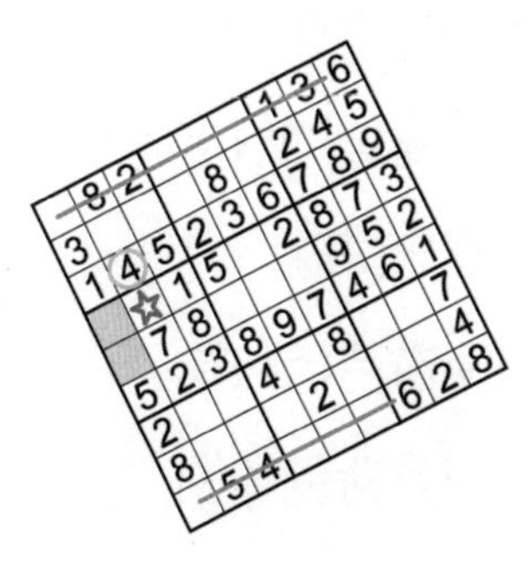

PART 03 玩转生活中的趣味数学

PART 04 数学研究中的奇妙探索

PART 01

数学在工程设计中的巧妙运用

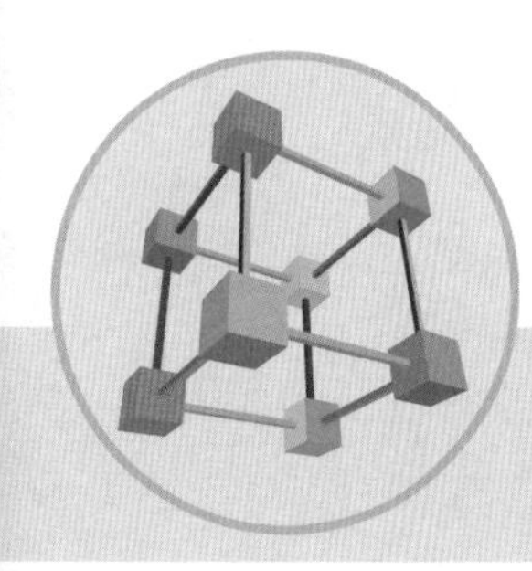

古建筑里的数学妙用

撰文/周　江

学科知识：

长方形　半圆　数列　对称

有人说数学是美丽的，建筑是优雅的。是的，数学的美隐藏在变幻的数字中，弥漫在复杂的算式里，融合在优雅的建筑里。数学时而幻化成锥状的金字塔，时而变幻为浪形的桥梁，时而化作墙面上绚烂的图腾。在传统古建筑外观设计上，数学的体现更是无时无刻不存在着。

为什么有些建筑是框架结构的？为什么有些建筑是对称的？为什么有些建筑一定是圆形的？众多建筑遗产告诉我们，无论是建筑形态构造、建筑工具及材料，还是建筑文化元素，都蕴含着数学的神秘信息。

故宫皇极殿，体现了建筑中的数学之美

建筑学中的几何鼻祖——长方形

几何学的起源十分久远，而促进几何学产生的直接原因便是古人社会实践中的土地测量及天文活动。在古埃及时期，每年 6 月到 9 月，尼罗河水经常泛滥，洪水退去后，古埃及人都要对土地重新丈量和划分，在这一过程中逐渐形成了一种专门的技术——测地术。由此产生了关于几何形体的概念及其度量方面的知识。如今的“几何”一词源于希腊语，本意就是指测量术，明末由我国学者徐光启译为“几何”并沿用至今。下面这幅图体现了古代西方人对几何学的理解。

自然界中常见的简单几何形状是（半）圆、球、圆柱等，例如太阳、月亮、果实、树木等，几乎找不到长方形和立方体的几何形状。而在建筑学中，长方形可以不留缝隙地四方连续延展或者划分，而立方体可以平稳地堆垒和架设。

The True Principles of All Things（《万物的真实原理》）中关于几何学的插图

自古以来，长方形就是建筑常见的基本样式。以我国古建筑为例，传统的长方形建筑在平面上有两种尺度，即宽与深。其中长边为宽，短边为深。如一栋三间北房，它的东西方向为宽，南北方向为深。

在以长方形为主要建筑形态的建筑中，其可以体现出对美学及力学因素的追求。长方形由四条边围合而成，其设计便于划分建筑格局，减少建筑死角，视觉效果好。另外，长方形建筑的墙体都在梁下面，使得框架结构稳定，受力明确。在内部空间的延展性方面，长方形的房间有利于提高空间利用率，使内部空间更容易布置，也更能显出布局的合理性。

长方形单体建筑结构示意图

建筑学中的拱形始祖——叠涩拱

芝加哥学派建筑师路易斯·沙利文曾经说过：“拱是最富情绪的构件。它充满可能性及展望，并富有创造力。”著名媒体人安迪鲁尼更是将拱形称为“欲掉落的曲线之美”。

“拱”结构建筑作为应用较广的建筑结构之一，其闻名中外的例子数不胜数。国外有柬埔寨吴哥窟的叠涩拱（或假拱）结构，古罗马拜占庭的帆拱（也称作割球壳）结构，古罗马时期的半圆拱、筒拱、十字拱、肋拱等各类拱形结构。而在中国的历史长河中，更有世界上现存最早、保存最好的石拱桥——河北的赵州桥，此外还有北京的卢沟桥、江苏苏州的宝带桥、江苏无锡的双曲拱桥，以及世界上跨度最大的拱桥——重庆的朝天门长江大桥。这些风格迥异的拱形建筑共同阐释了丰富多彩的建筑美学。

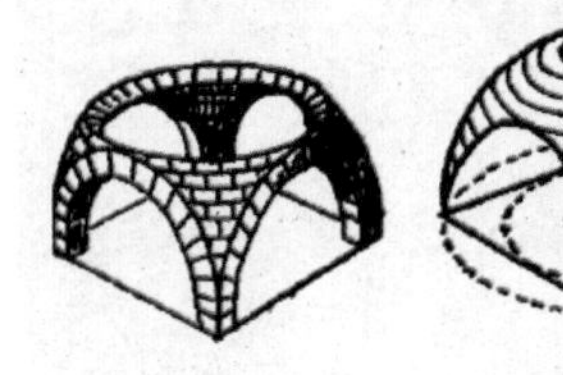
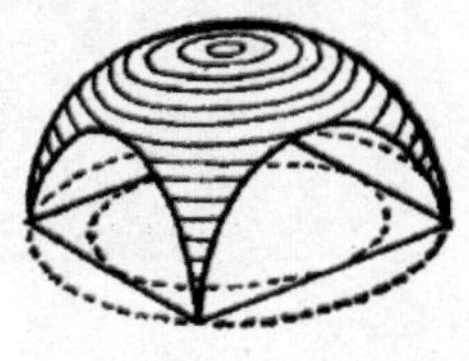
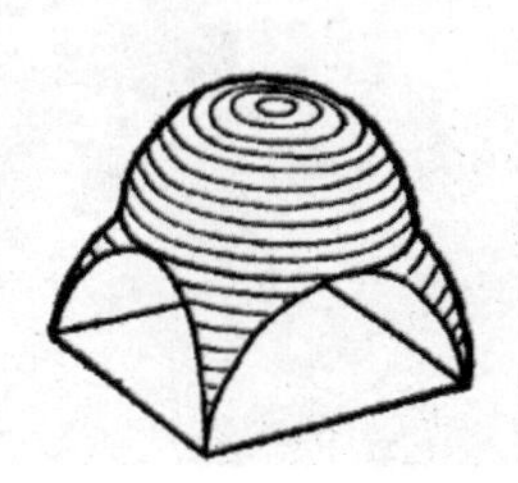
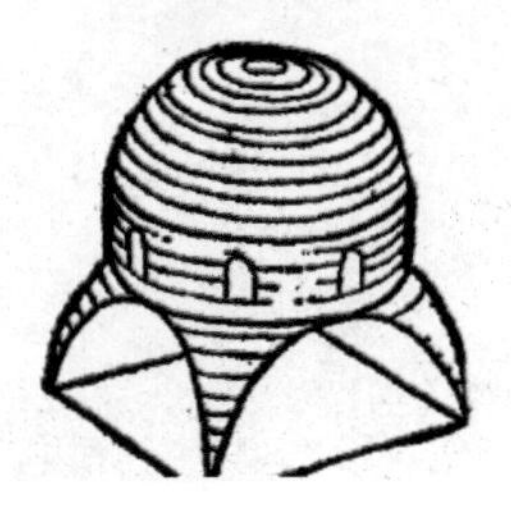

古罗马拜占庭的帆拱（也称作割球壳）结构

在拱形建筑中，还有一类杰出的代表便是哥特式建筑。它整体风格高耸瘦削，且带尖拱，表现了神秘、崇高的强烈情感。尖拱的最大特点是打破了半圆拱结构的高度（F）与跨度（L）之比为$\frac{F}{L}=\frac{1}{2}$的唯一关系，将$\frac{F}{L}=n$调整为一种可变量，呈动态关系。也就是说半圆拱的

n 必须是 $\frac{1}{2}$，而尖拱的 n 则可以是任意的数值，且在实际建造中 n 都是大于或等于 $\frac{1}{2}$。这种灵活性的结构成就了哥特式建筑的独特风格。

叠涩拱结构在人类早期的建筑建造中使用得较为普及。砖石、木材是建筑建造过程中常常使用的材料，而叠涩便是古人将这些建造材料从两侧或四周开始，层层堆叠，先外挑再向内缩进，形成拱形的一种砖石、木结构的建筑砌法。

哥特式建筑

在叠涩拱的实际施工时，先要搭建临时支撑用的木制拱形模框，而后使楔形砖石等建材逐层堆叠并相互咬合，形成建造所需要的拱形空间，最后待拱形结构稳固定型后再进行破拆，移除支撑结构。这种方法可以大大提高建造物的跨度和维度，不光可以建造各种围合和大跨度的建筑，甚至还发展成可以建造多种交叉的拱形穹顶建筑和桥梁，极大地丰富了当时的建筑形态，满足了人们的不同使用需求。

最为典型的叠涩拱技术建筑，便是位于爱尔兰东北部的纽格莱奇墓，至今已有超过5000年的历史。纽格莱奇墓的墓室有3个凹室，它们之间通过大约18米的通道相互连接，整个墓室结构由97块巨石作为基础支撑，墓室的顶部则是覆盖了大约20万吨重的石材，用来支撑以密封完整的叠涩拱顶技术进行搭建的墓室屋顶。

爱尔兰纽格莱奇墓

建筑学中的理性秩序——数列

在人类的建筑发展历史上，楼梯作用于空间及空间形式关系的意义是非常关键的。作为建筑构件的一个重要环节，理性的秩序是楼梯设计中最显著的象征因素，它在建筑建造过程中起到了至关重要的作用。

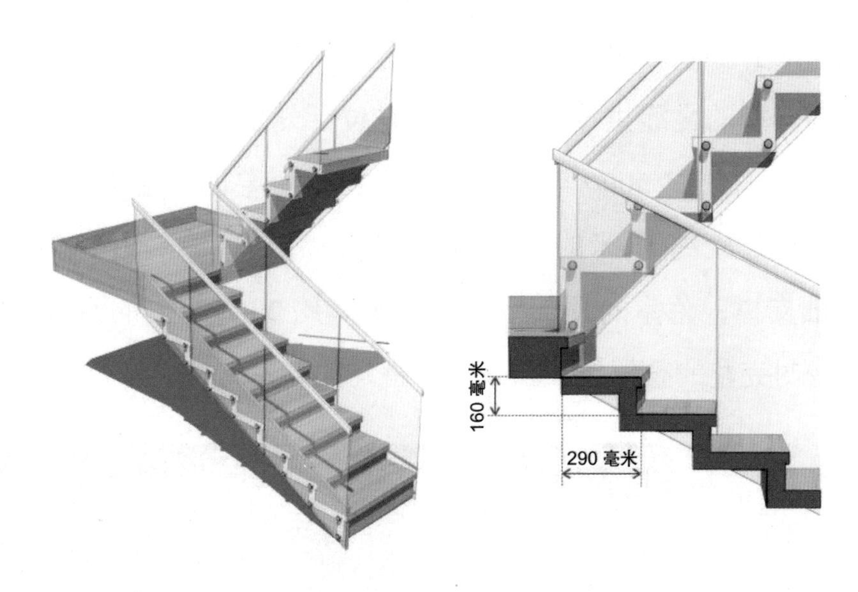

数列在建筑中最普遍的运用——楼梯

楼梯，是数列在建筑中最普遍的运用。假如楼房的每一个楼层高度（H）都为 3.2 米，每一层都有 20 级（即 $n = 20$）台阶，第一级与地面的高度为 h_1（即 $h_1 = 160$ 毫米），第二级与地面的高度为 h_2（即 $h_2 = 320$ 毫米）。第 20 级与地面的高度为 h_{20}（即 $h_{20} = 3200$ 毫米），从 h_1 到 h_{20} 组成了一个 $n = 20$，公差等于 160 毫米的等差数列，而踏步高度 = 公差 =160 毫米（即每一级的踏步高度都相等）。

另外，根据人机工程学原理分析，每个人（成人）的脚长度在 220 ~ 260 毫米之间，为了让人们走得更加舒适和安全，楼梯踏步宽度设计为 290 毫米是最合适的。而向上爬楼梯时，人们是要将脚抬高走路的，对于正常人来说，楼梯的坡度控制在 30° 左右是最适宜的，并且抬脚踏上高度为 160 毫米的台阶不会感到吃力。同理，楼梯的横向宽度也要考虑到人们的肩宽。正常人的肩宽为 400 毫米左右，那么楼梯的双向宽度设定为 1200 毫米就可避免互相碰撞。而楼梯的转角处（休息平台）则需

要更加宽敞的空间，这里的宽度一般是楼梯宽度的 1.1 ~ 1.2 倍，相当于 1400 毫米左右。这些在楼梯搭建中，运用逻辑思考得出来的结论，其实就是建筑设计中对数学原理的感知与运用。

建筑学中的力量源泉——对称

古希腊哲学家毕达哥拉斯讲过："美的线型和其他一切美的形体，都必须有对称形式。""对称"被视为"和谐与美"的重要特征之一。它所表现出来的形式美法则是对于事物的等量等形的一种状态。对称

"对称"建筑

通过直线将空间沿中心轴均匀划分，形成两边或者四边相等的样式，这些部分在视觉上保持平衡，并且都基于一个建筑结构的核心进行布局。对称充分表达出建筑的力学传递与支撑原理的相互关系，这就是建筑与数学、力学结合之后的艺术表现。

“对称”是古今中外教堂、庙宇、宫殿、民居等各种建筑形式遵从的基本要求。在建筑中也常用对称和高度来表示政治权力，体现出无所替代的建筑与数学交织的美感。

在中国传统建筑中，对称结构在屋梁、古代皇城以及四合院中都运用得非常普遍。南北中轴、东西对称俨然已经成为中国自古以来在建筑地位构建思想中的精神尊崇，形成了四面围合的中正之美。这种建造布局隐喻着“尊卑有序，内外有别”的“礼”教文化的传统思想，传达了国人周到、平和、太平的性格特征。

对称的北京故宫角楼

同时，“对称”也是人们向往大自然生活的一种期盼和形式上的行为表现。在自然界中，无论是植物、动物，还是山水、天地，都展现出对称格局。在对大自然“对称”的模仿中，人们得以与自然相得益彰、共生共存，从而进一步感受生理和精神上的愉悦和陶冶。

建筑和数学都是不断发展的领域。人们在研究并利用过去思想理论的同时，也在创造新的思想理论。随着时代的发展，建筑结构形态发生了巨大的变化，但始终不变的是从古至今的建筑中所蕴含的数学元素，这些元素让时代建筑散发出绚丽的艺术光辉。未来城市的发展，不仅仅依靠建筑艺术的塑造，更离不开数学之美的点缀。

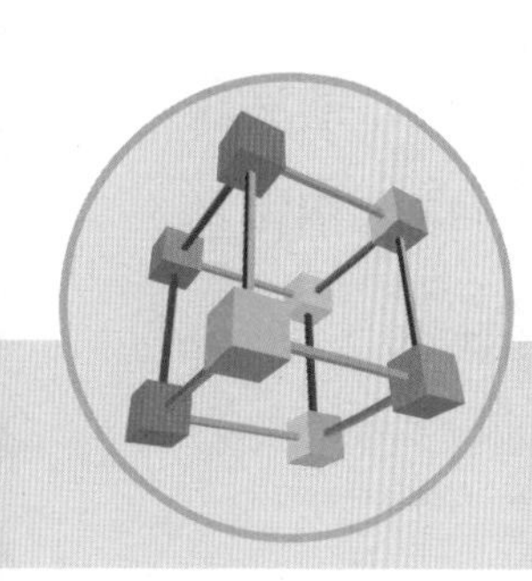

北京大兴国际机场的几何探秘

撰文/顾险峰

学科知识：

曲面　曲线　垂直　黎曼几何　欧几里得几何　几何图形

号称“新世界七大奇迹”之首的北京大兴国际机场，将几何学中的黎曼叶状结构（数学上严格的说法是“黎曼面上的叶状结构”）发挥到极致。自由弯曲的曲面，肆意张扬的曲线，无不冲击着参观者的视觉神经。建筑大师的伟大构想要想实现，就不得不提一门基础的学科——数学。与抽象的数学公式相比，在建筑中更能窥见数学应用的奥妙玄机。

北京大兴国际机场局部图（曲面）

曲线——建筑与数学的“碰撞”

北京大兴国际机场超越了迪拜世界中心（以阿勒马克图姆国际机场为中心的航空城计划），成为世界上最大的单体航站楼，2023 年完成旅客吞吐量近 4000 万人，完成飞机起降近 30 万次。从空中鸟瞰坐落于北京永定河北岸的机场航站楼，其造型瑰丽、气势恢宏，宛如一只耀眼的凤凰，神秘而魔幻。当抵近航站楼的中心位置时，呈现在人们眼前的是一个规模宏大的六芒星构型。

大兴国际机场在建筑结构上采用大量光滑的曲线，仰望穹顶，航站楼屋顶的钢架结构被两簇彼此垂直的曲线结构剖分，和谐优雅，流畅灵动。如此优美的形态在几何学中对应着一个非常深刻的数学几何概念——黎曼叶状结构。

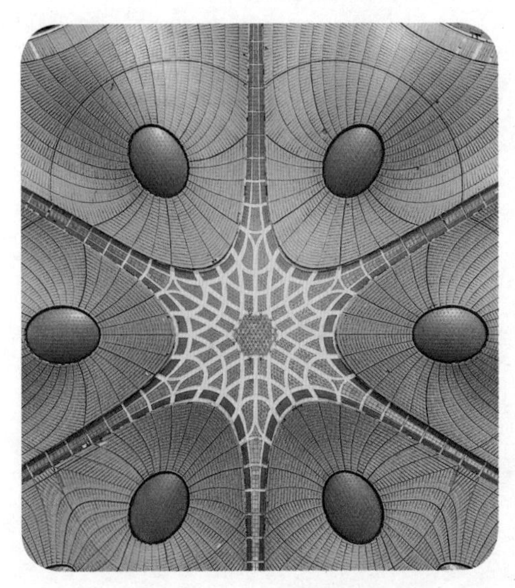

北京大兴国际机场的棚顶结构是六芒星（绘图 / 顾险峰）

看那自由弯曲的曲面，肆意张扬的曲线，只要对建筑艺术稍有了解的人一眼就可以辨认出这是建筑界“女魔头”、英国建筑师扎哈·哈迪德的作品。没错，北京大兴国际机场正是扎哈的遗世绝唱——“天鹅之歌”。

建筑设计的几何分析

数学专业出身的扎哈创立了一个新的学派，这个学派最大的特点就是用黎曼几何来取代欧几里得几何。**在欧几里得几何理论中，地是平的，墙是直的，窗户都是方正的，看起来非常中规中矩**。而扎哈把一切变成了曲面，在曲面上设计非常复杂的曲线，她因此也被称为“曲线女王”。扎哈的设计一次又一次颠覆人们想象的极限，让我们认识到原来建筑也可以在大地上纠缠盘绕、奔腾流淌、破碎融合、蜷曲弥散。

知识链接

黎曼几何与欧几里得几何

欧几里得几何是基于平面和三维空间的几何，因此它以“点”“线”“面”为前提假设。欧几里得几何是平直空间的几何，多用线性代数进行表示和研究。黎曼几何则是弯曲空间的几何，通常需要用微积分进行表示和研究。

扎哈彻底解构了传统的建筑美学标准，大胆运用黎曼几何结构来构造空间，其设计使得建筑挣脱了重力的羁绊，在空中自由翱翔，标志性的曲线更给她带来了无数的赞美和争议。

那么，从几何学的角度如何来评价扎哈的设计作品呢？扎哈的本质突破在哪里？其作品是不切实际的产物，还是归结为几何的必然？我们可以从现代拓扑学（研究几何图形或空间在连续改变形状后还能保持一些性质不变的学科）和几何学角度来领略扎哈设计的精妙之处。

知识链接

曲率突破

在传统建筑行业，几乎所有的作品都由横梁、立柱、平墙和方窗构成，界线清晰。换言之，几乎所有的建筑表面都是平直的，高斯曲率几乎处处为零。这意味着传统建筑是基于欧几里得几何进行设计和建造的。只有极少数天才设计师突破了零曲率几何，安东尼奥·高迪和扎哈·哈迪德便是这样的特例。

在长达数千年的人类历史长河中，人们一开始认为平直的欧几里得几何是天然的、唯一真实的几何，直到爱因斯坦创建了广义相对论，人们才意识到原来自然时空是弯曲的，研究弯曲空间的黎曼几何才是世界的真实图景。扎哈积极大胆地利用黎曼几何的概念进行建筑设计，从这个角度而言，扎哈使人们明白了弯曲的黎曼几何反映的才是真实的建筑世界。

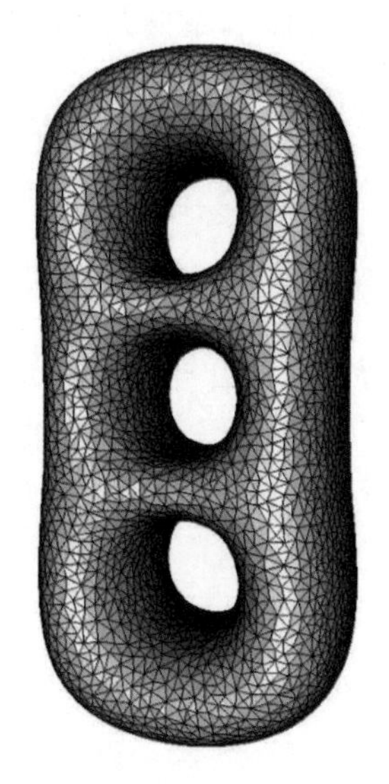

澳门新濠天地酒店的拓扑解释，大楼的表面有 3 个环柄（环柄代表亏格，是曲面拓扑中最关键的不变量）（绘图 / 顾险峰）

同为扎哈作品的北京望京 SOHO 大楼被分解成彼此平行的圆圈，这些圆圈构成了曲面的一个黎曼叶状结构

叶状结构的美学价值

身为“曲线女王”，曲面的叶状结构成为扎哈的终身标志。扎哈设计的建筑物表面被分割成柔美流畅的一簇曲线，灵动而和谐。在几何上对应着黎曼叶状结构这一概念。叶状结构本有落叶层叠之意，本质上是具有美学价值的结构。实际上，**扎哈设计的叶状结构都是调和叶状结构，也是最为自然的叶状结构**。将每片叶子在曲面上自由滑动，使得这些叶子的分布尽量流畅光滑，这种形变不会改变叶状结构的整体拓扑性质，但是会增加叶状结构的美学价值。

我们从几何学角度对扎哈的建筑设计理念进行了分析，将北京大兴国际机场整体设计思想归结为共轭调和叶状结构及奇异点。令人惊讶的是，扎哈仅仅凭借敏锐的审美，就从本质上深刻洞察到这些抽象的几何理论，掌握了调和叶状结构的精髓，并用建筑语言来向世人传达。

三个彼此不同的黎曼叶状结构——在奇异点处，叶子形成三岔路口（绘图 / 顾险峰）

小猫曲面的黎曼叶状结构，除了几个奇异点之外，曲面整体被分解为封闭圆圈，局部上看，这些圆圈彼此平行（绘图 / 顾险峰）

北京大兴国际机场内部钢架结构的调和叶状结构和奇异点，完美地呈现了建筑艺术和数学的结合

北京大兴国际机场的设计结构具有极强的刚性，可以说是“牵一发而动全身”，这意味着扎哈貌似惊世骇俗、大胆狂放的设计实际上是基于严格精密的理性和深邃的思想。与其说扎哈颠覆了旧世界，不如说她使人们解放了思想，让“横平竖直”的僵硬设计更加贴近自然。这正是建筑艺术家与数学家无与伦比的伟大之处：对人世英勇无畏，对自然敬畏纯真。

眼见不一定为实的彭罗斯阶梯

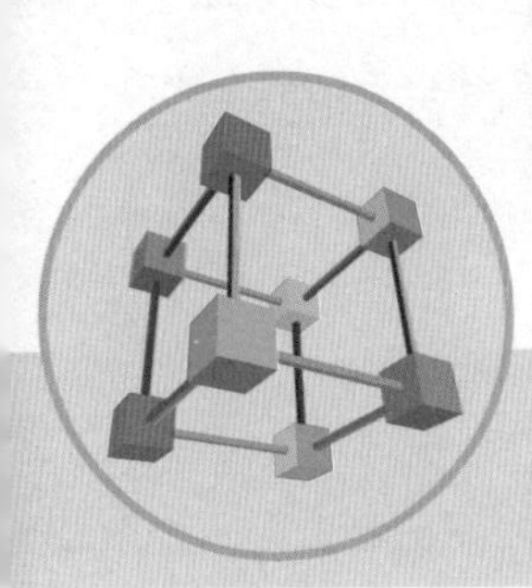

撰文 / 刘　刚

学科知识：

三角形　高度　正方形　长方体

如果有一天有人这样告诉你："你可以沿着一段一直向上的台阶（或楼梯）走，最终能回到出发点。"你会怎样回答？单凭直觉和逻辑，你可能马上会说"这绝不可能"。那为什么还会有人如此发问呢？说到这里，我们就不得不提荷兰版画家，又被尊称为错觉图形大师的莫里茨·科内利斯·埃舍尔的著名版画作品《上升与下降》。如果你站在这幅版画的城堡楼顶上，你会看到内圈的队伍似乎一直在下坡，而外圈的队伍却似乎一直在上坡，并形成一个回路，周而复始。你能看出其中的奥秘吗？其实，我们将它抽象画出来，就是彭罗斯阶梯（或台阶）。

初识彭罗斯阶梯

最早记载彭罗斯阶梯的是瑞典艺术家奥斯卡·路透·瓦德在 1934 年制作的雕塑。后来，英国数学家、物理学家罗杰·彭罗斯和他的父亲——精神病学家、遗传学家莱昂内尔·彭罗斯共同设计了多种"不可能存在"图形并进行了推广。1958 年 2 月，他们把这些图形作品发表在《英国心理学杂志》上。自此，后续的学者将其命名为“彭罗斯阶梯”（Penrose Stairs）。据悉，彭罗斯阶梯的创作也受到了埃舍尔的一些“不可能存在的画作”的启发。

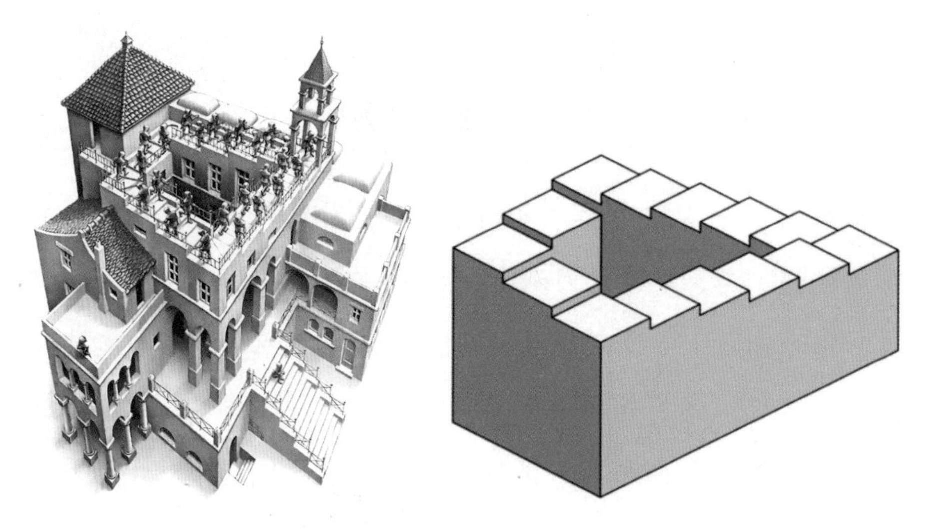

彭罗斯阶梯

彭罗斯三角形，一个小球沿着视角中的三角形移动最终可以回到原点

彭罗斯阶梯是著名的数学悖论之一，指的是一个始终向上或向下但却无限循环的阶梯，可以视为彭罗斯三角形的一个变体，在此阶梯上永远无法找到最高点或者最低点。彭罗斯阶梯违反了欧几里得几何

学的基本规则，描绘了一个在三维世界（我们现在生活的世界）中不可能存在的物体，即：如果一段台阶都是连续上升（或者下降）的，那么整段台阶的高度就是大于零的，也就不可能回到原点。直觉和逻辑都告诉我们被骗了，但又是为什么呢？

彭罗斯阶梯的原理

在现实生活中，我们经常能看到一些平面上绘制的立体画。在特定的视角观察这些立体画，我们可以感受到一种三维错觉。比如右边这幅画，从我们眼睛的角度看上去好像是三维的，但其实这些画是在一个平面上制作出来的，只不过是在绘画的过程中，通过一些手法对细节进行了处理，从而让我们产生错觉，有了一种立体的感觉。

在地面上绘制的艺术作品

从正面视角看，这幅艺术品确实有很强的三维冲击感，但是当我们变换位置时，这种三维的感觉就会消失。也就是说，在二维平面上设计的三维图片，在缺少第三维限制的情况下是可以轻易表现出高低不同的细节，从而以假乱真，让我们的眼睛产生错觉。而彭罗斯阶梯也是如此。

前面我们已经说过，彭罗斯阶梯可以被视为彭罗斯三角形的一个变体，彭罗斯三角形看起来像是一个物体，由三个截面为正方形的长方体所构成，三个长方体组合成为一个“三角形”，但两个长方体之间的夹角似乎又是直角。上述性质无法在任何一个正常三维空间的物体上实现。尽管彭罗斯三角形在三维中不可能存在，但如果从三维空间的特定角度去看，其看到的图案和彭罗斯三角形相同。比如在澳大利亚西部珀斯，就有一座彭罗斯三角雕塑，这个效果其实是三维物体在特定角度的二维投影，但是人脑还在思考三维的模样，因此就出现了错觉。

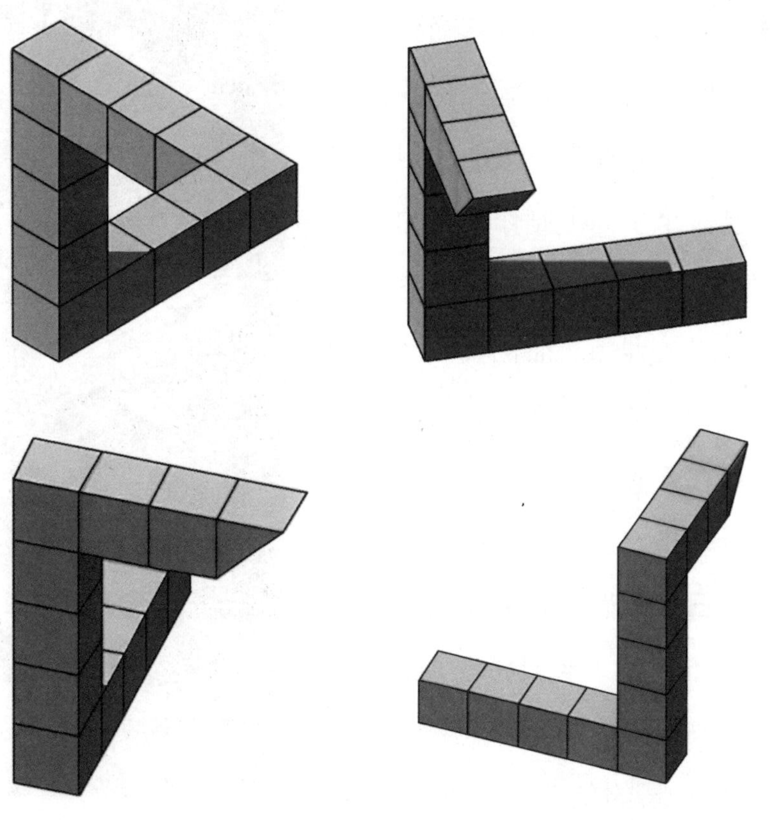

彭罗斯三角形在不同视角下的形状

尽管彭罗斯阶梯无法在生活中实现，但我们也可以模拟这种效果。做一段足够长的阶梯，然后每一层的阶梯要做得很宽，我们可以把这些阶梯做出一定的坡度，由于距离较远，那些小的坡度就很不容易被人察觉到。每隔一段距离就做一个明显的阶梯，再将整个阶梯做成蜿蜒曲折的样子，然后加上一定的障碍物，就可以在视觉上达到以假乱真的效果了。

知识链接

常在荧屏中出现的彭罗斯阶梯

在一些影视作品中，经常出现彭罗斯阶梯的影子，比如《鬼吹灯》里的“悬魂梯”和《盗梦空间》里那个永远走不完的楼梯。在这些情节中，关键人物走入了一圈又一圈的死循环，陷入了难以摆脱的困境。

在电影《盗梦空间》中，埃姆斯教筑梦师爱莲利用彭罗斯阶梯设计高难度的梦境。埃姆斯和爱莲沿着彭罗斯阶梯一直上楼，每一圈都会经过那个整理文件的秘书。但是镜头一转，埃姆斯展示了转换视角后的彭罗斯阶梯：显然中间割裂开来了。

原来，在梦境中加入彭罗斯阶梯，通过不同的时刻展示彭罗斯阶梯的不同视角，可以让主人公趋利避害。最终，在第二层梦境中，筑梦师爱莲设计了彭罗斯楼梯：当埃姆斯在梦境中被敌人追赶着下楼后，梦境中设计的视角开始变换，敌人站到割裂开来的楼梯旁边不知所措，然而埃姆斯却从敌人背后出现，将敌人制服并推下楼梯。

彭罗斯三角形、彭罗斯阶梯等图形又被称为不可能图形，即在现实世界中不可能存在，在平面设计中违背了透视原理。它们是利用人的“视觉误差”而形成的一种光学错觉，只存在于二维世界。这些图形看起来很“理所应当”，但如果你用手指沿着这些图形上任意一面“走”一遍，就能发现根本“走”不通。

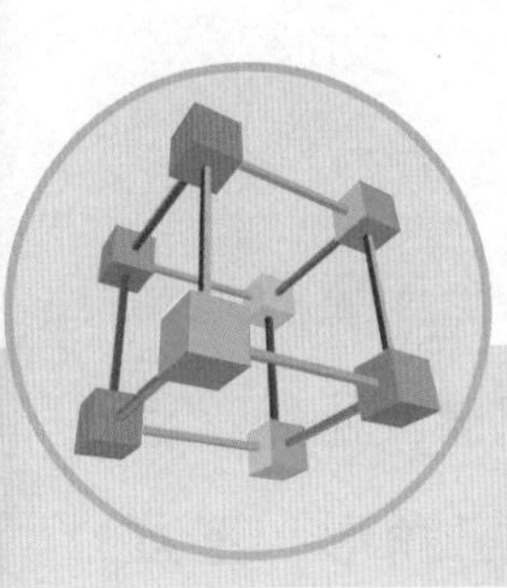

永不“重复”的镶嵌图案

撰文/张旭颖　靳铭宇

学科知识：

内角　约数　平移　有理数　菱形

我们平时见到的瓷砖区域（地面或墙面等）大多数是采用形状规则的图形铺装成有规律的样式，但还有一些瓷砖区域无论铺得面积有多大，都找不到其图形重复出现的规律，反而会让人忽略其连接处，给人以“整体”感。但是大家是否想过这些瓷砖区域为何会给人这样的视觉感呢？这些瓷砖的铺装方式背后又蕴藏着怎样的数学原理呢？答案就藏在建筑装饰届大名鼎鼎的“彭罗斯镶嵌”里。

步行街的镶嵌图案

周期性密铺与非周期性密铺

重复排列某一单元形，使其能够不留任何缝隙且完全无重叠地填满一个指定的平面区域，这样的排列方式称为图形的密铺。显然，正三角形、正方形和正六边形是可以密铺的。首先，正三角形、正方形和正六边形的边长具有等长性。除此之外，正三角形3个内角均为60°；正方形4个内角均为90°；正六边形6个内角均为120°。它们每个内角的度数都是360°的约数（因数），且每种图形进行密铺时，在公共顶点上几个角度数之和正好为360°。但正五边形在进行平铺时，不能做到无缝拼接，因为正五边形的每个角的度数为108°，不是360°的约数（因数）。具体来说，3个正五边形进行拼接，在公共顶点处的3个正五边形角的度数之和为324°；4个正五边形进行拼接，在公共顶点处的4个角度数之和为432°，无论尝试用几个正五边形进行拼接，公共顶点处角的度数之和均不等于360°，因此，只用单纯的正五边形无法进行平面的无缝周期性密铺。

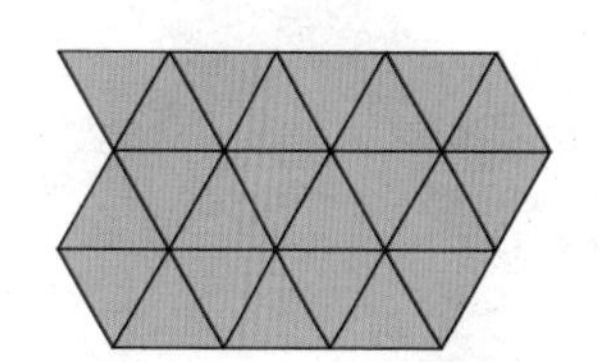
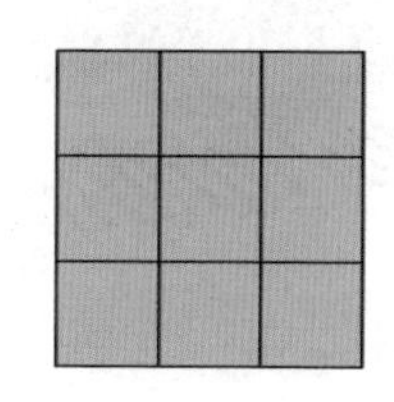
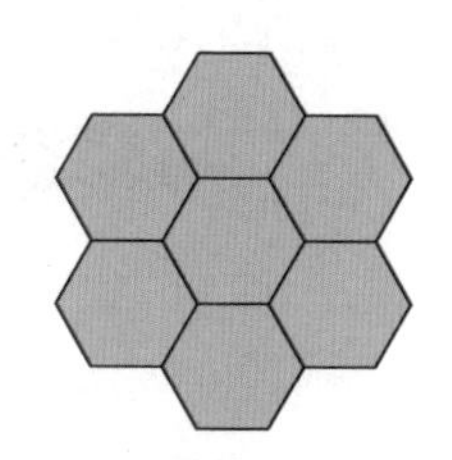
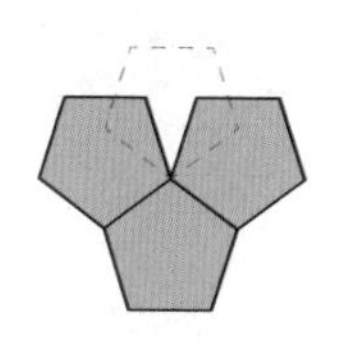

正多边形的密铺

但如果我们用另一种形状来填补正五边形拼接图案的缺口，就可以得到密铺的平面。实际上，若采用多种形状的瓷砖互相组合，无穷尽的密铺图案就会随之出现。值得注意的是，这种方法得出的图案与

正方形密铺的图案有所不同，正方形所组成的图案具有平移对称性，例如，若将正方形密铺平移一个正方形的长度，则可以得到相同的图案，它存在正方形这个可自我重复的单元形，即它是周期性的；而采用多种形状互相组合的图案则可能是非周期性的，如果将图案分割无穷次，它们就可以被看作铺展在无穷平面上，由此便能算出两种或多种瓷砖数量的整体比例，对于这种计算，重复图案的比例一定是有理数，如果不是，就说明图案永远不会完全重复。

彭罗斯镶嵌不重复的奥秘

1973 年，英国数学家、物理学家罗杰·彭罗斯提出了一种具有五次旋转对称的图案。正五边形可以分割为 6 个小的正五边形和 5 个三角形，而对小五边形进行再分割后，就产生了 1 个五角星形和 1 个类似帆船的形状。这 4 种形状以不规则、非周期的方式延展，只利用这 4 种形状，就能对平面进行密铺，而不存在一个可重复的单元形。这种非周期性的镶嵌图案随即被命名为 P1 型彭罗斯镶嵌。

第二年，彭罗斯又对这些形状进行修改，他将一个菱形分割成两部分，并利用分离的这两部分，创造出了一种新型的拼接方式。这两种图案分别被形象地称为“风筝”和“飞镖”。这便是 P2 型彭罗斯镶嵌。

但无论是风筝形还是飞镖形，这些角的度数，都是 36° 的整数倍，而这几种度数通过不同的组合方法，都可以组成 360°。此外，菱形的四条边具有等长性，且分割出的风筝和飞镖的边都有互相对应的等长的边。边缘可以完全对应，角度也可以完全对应，因此，风筝形和飞镖形可以进行平面的无缝拼接。

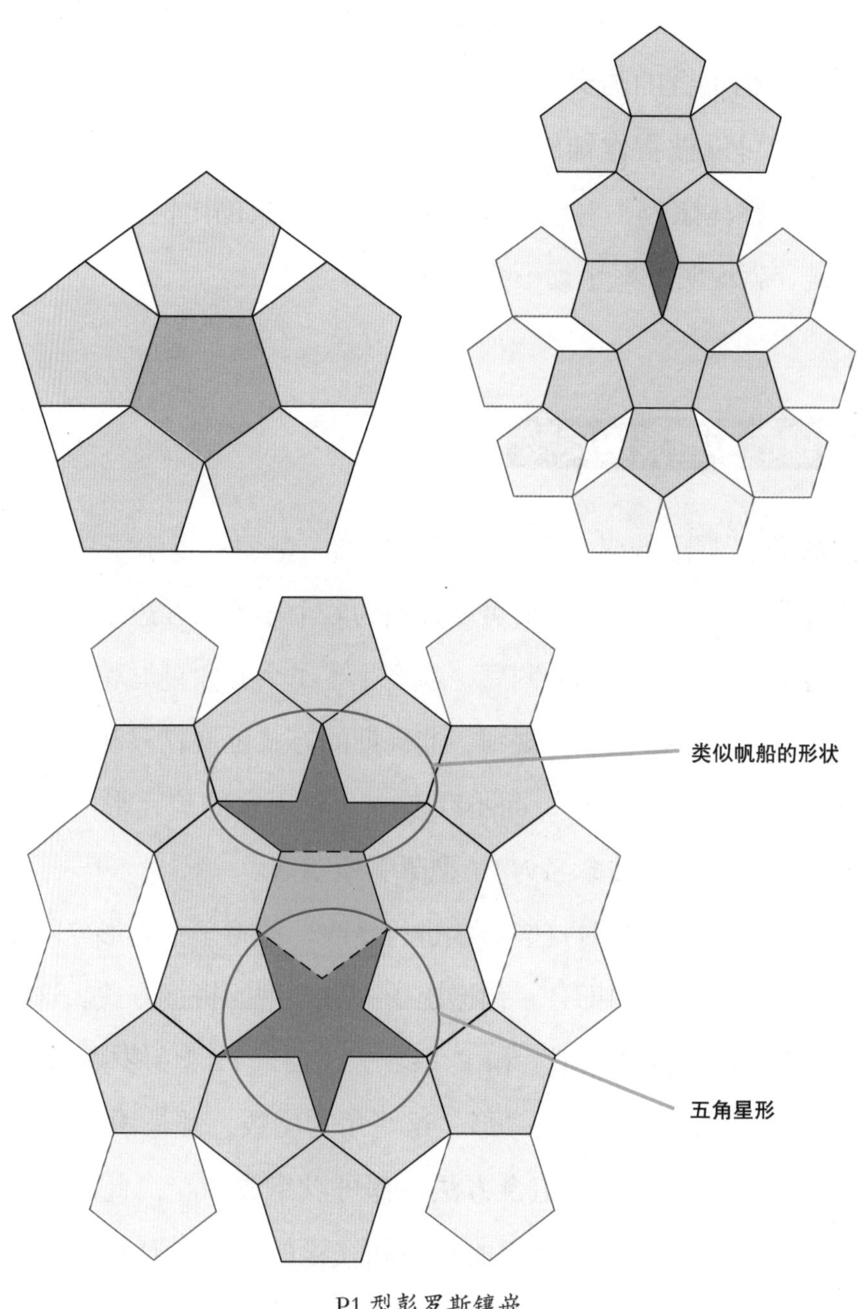

P1 型彭罗斯镶嵌

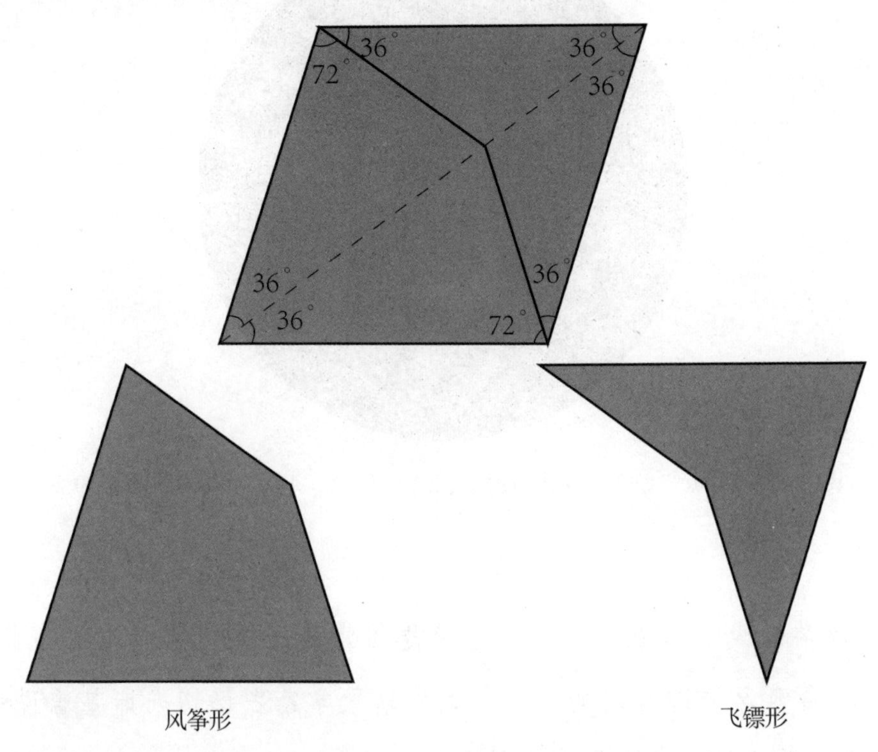

P2 型彭罗斯镶嵌，由风筝形和飞镖形构成

暗藏玄机的彭罗斯镶嵌

彭罗斯发明的图案的拼接方式，实际上是把黄金比例的数学概念与日常生活中的数学关联到了一起。P1 型彭罗斯镶嵌通过五边形的不断膨胀、不断延展而成，它的膨胀率为黄金分割值的平方；在 P2 型彭罗斯镶嵌中，风筝图案和飞镖图案的数量之比等于黄金分割值。也许这也是它们看起来如此美妙的原因之一。

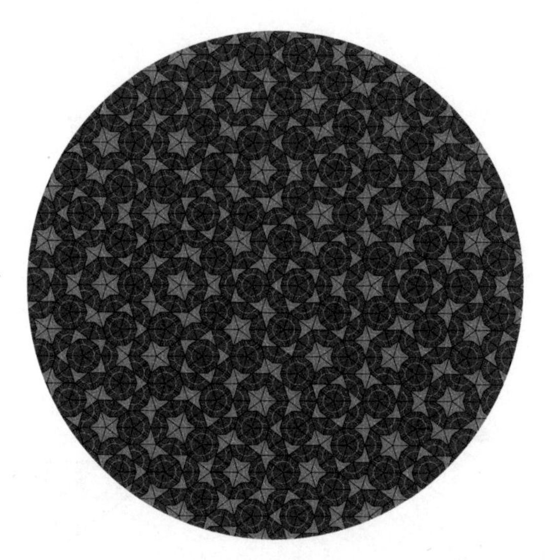

由“风筝”和“飞镖”组成的图案，看似规律，其实永远不会自我重复

数学的吸引力就在于此，它将思维渗透至身边不起眼的事物中，又蔓延至浩瀚无垠的宇宙。俄罗斯数学家罗巴切夫斯基曾说：“不管数学的任一分支是多么抽象，总有一天会应用在这实际世界上。”用思考的眼光看世界，你会发现，从不起眼的瓷砖到飞在天空的风筝都蕴含着数学的魅力。

彭罗斯镶嵌在建筑上的应用——美国旧金山公交枢纽大楼

PART 02

破解神秘的数字密码

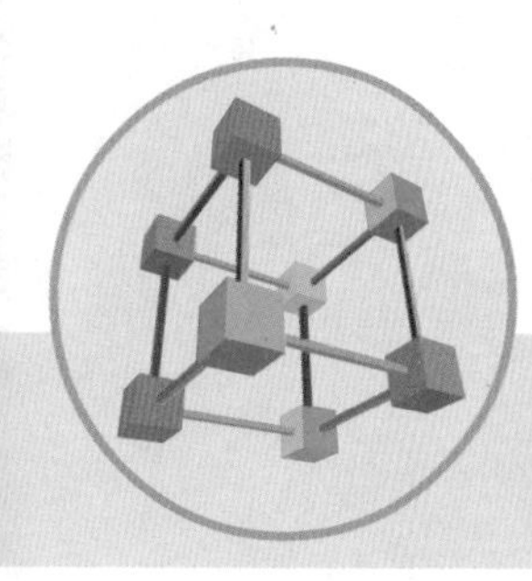

数独，你会玩吗

撰文/王明意

学科知识：

坐标系　对角线　排除法　集合

在第12届世界数独锦标赛上，中国数独代表队获得团体冠军。毫不夸张地说，代表队的成员们从小就开始接触数独，并深深为之着迷。就连现在的一些小学课程，也开始单独讲述数独。那么，数独究竟有什么样的魅力，能如此吸引人呢？

数独玩具

数独的起源与文化

数独是一项风靡世界各国的智力游戏项目，主要表现形式为在九宫格上填写数字，因其规则浅显易懂而受到大家的喜爱。

数独深受各个年龄段人士的欢迎。年轻人通过解数独谜题来挑战自己的智力，年长者通过练习数独来保证大脑的活力，青少年中爱好数独的也非常多。很多人表示，解数独是自己集中注意力的好方法，他们非常享受这个锻炼大脑的过程。此外，全国各地也有一些进行数独娱乐或集体参赛的家庭，一家人通过数独来增进感情和保持身心健康。

			4			3	8	
4	2	3					6	
7					6		5	
		9		6				8
			9		7			
8				2		9		
	5		7					6
	7					5	9	1
	3	2			1			

数独例题

数独的规则与元素

按照规则，数独要求在每个格子里填入数字，使每一行、每一列和每个由粗线围成的宫内都是数字 1 ~ 9 且不重复。因此，数独的基本元素就是行、列、宫以及填入数字的单元格。

每一个小格叫作一个单元格，标准数独从上到下分别标为 A ~ I，共 9 行，从左到右分别标为 1 ~ 9，共 9 列，从而形成一个坐标系，每个小格都有确定的坐标。如 A7 表示的是第 1 行第 7 列的单元格，C9 表示的是第 3 行第 9 列的单元格等。而从左上到右下共有 9 个宫，分别表示的是第 1 ~ 9 宫。

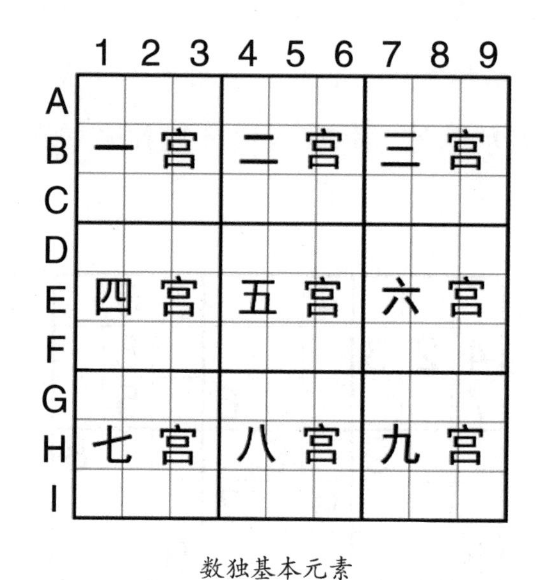

数独基本元素

知识链接

RC 坐标系统

有些数独使用的是另一种坐标标示，即 RC 坐标系统。在 RC 坐标系统中，R1 ~ R9 表示从上到下的 9 行，C1 ~ C9 表示从左到右的 9 列。例如，R9C1 表示第 9 行第 1 列的单元格。这种坐标系统在我国台湾地区的部分资料中较为常见。

数独基础方法

排除法

什么是排除法？简单来说，就是按照数独中同一行、列和宫内不能填入相同数字的规则，并利用已出现的数字对同行、同列和同宫内其他单元格进行排除（相同数字）的方法。首先来看图①：

针对第1宫，观察可以发现：因为A7存在数字5，因此这一行其他单元格不能再出现数字5，得到A1,A2,A3不能填入5；同理，由于C5存在数字5，那么C3也不能填入数字5。结合第1宫内已有数字，可知仅有B3可以填入数字5（图中蓝色星星标示处）。

继续观察，用数字9进行排除，得到第1宫内唯一能够填入数字9的格是C3。继续观察，可以解开全题。

解题时，可以对宫进行观察（宫排除），也可以对行、列进行观察（行、列排除）。这两种排除方法综合运用，往往能推理出多数单元格的数字。许多数独题目的多数步骤完全可以通过排除法完成，因此排除法是数独解题技巧中不可或缺的基础。

				3	4	5	9	
3	7							
4	8			5	7	2		
1		3	4					
8	2	6		7		1	4	5
					1	3		9
			5	6			8	1
	1	2					3	6
	4	8	3	1				

⟹

				3	4	5	9	
3	7	☆						
4	8			5	7	2		
1		3	4					
8	2	6		7		1	4	5
					1	3		9
			5	6			8	1
	1	2					3	6
	4	8	3	1				

①运用排除法解题

排除法又名摒除法，二者是完全等价的概念。

唯余法

唯余法是唯一余数法的简称，即当观察某一个单元格时，如果1～9中的8个数字都不能填入这个单元格，那么这个单元格中一定是填剩下的那个数。这种分析一个单元格内的数字可能是哪些的行为就叫作点算。

唯余法是数独最基础的方法之一，也往往是最容易被忽略的一种方法。最基础的情况是：一行（列、宫）内填入8个数字之后，剩下的一格便可以填出来。然而，唯余法的实例往往难度较大，比如图②这个例题。经过仔细观察后发现，有色空格内仅能填入9，因为其他数字都在该格所在行、列、宫内出现过了。

7	6		4	9				
8			2	5	6		4	
		4		3				6
	8	7	3	2			6	
	1	9	8	6	4	3	7	
	3			7	5		8	
	4	8		1		6		
			5	4	3			8
			6	8			9	4

→

7	6		4	9				
8			2	5	6		4	
		4		3				6
	8	7	3	2			6	
	1	9	8	6	4	3	7	
	3			7	5		8	
	4	8		1		6		
			5	4	3			8
			6	8			9	4

②运用唯余法解题

当然，唯余法不仅有单纯依据已知数字或填出数字进行排除的，还有一些是通过数组和区块进行排除的。这一点在下文会提到。

排除法和唯余法交替使用，往往能解决一道数独中绝大多数（甚至全部）单元格。因此，除了排除法以外，唯余法也是非常基础的解题技巧。解题到一定程度，会因为个人习惯而对上述两个技巧中的某一个产生偏爱，以其一为主另一为辅，这在数独界被称为“排除流”和“唯余流”。

区块法

区块即某数可能在的位置的集合。区块法经常与排除法、唯余法结合起来进行解题。

观察图③，可以看到第 4 宫的 4 必然在 D2 和 D3 中，形成一个 4 的区块（图③中红圈处），能排除 D7 为 4 的可能性。接着观察，发现 C1、E6 处也有数字 4，根据数独规则，C7、E7 处不能为 4。由列排除，可以得到 H7 为 4（图中红五角星处）。这是区块法与排除法结合解题的案例。

1	8	7		4		5		6
9		6				1		
4		3	1				7	8
8								
3		5	8		4			
6	7	2			3	8		
7	3					6		5
5	6				1	☆		
2		9	6	7	5	3	8	

③区块法与排除法结合解题

观察图④，第 1 列有一个黄色的 6 的区块，结合粉色圈内的 4，得到红星格处唯余 9。这是区块法与唯余法结合解题的案例。

	8	2				1	3	6
3				8		2	4	5
1	4	5	2	3	6	7	8	9
	☆	1	5		2	8	7	3
	7	8				9	5	2
5	2	3	8	9	7	4	6	1
2			4		8			7
8				2				4
	5	4				6	2	8

④区块法与唯余法结合解题

数对法

数对是指某 N 个数字必然在某 N 个格内，然而无法确定其位置。当 $N = 2$ 时，一般叫作数对，当 $N > 2$ 时（一般多为 3 或 4），则一般叫作数组。

在图⑤这个例题里，通过观察可以发现，第 1 宫中的数字 5 和 7 必然是在 A2 和 B2 中，因此这两格不能是其余数字，构成 5 和 7 的隐性数对。原本第 1 宫的 6 在排除后只能确定在 B1 和 B2 之间，而数对占位后，可以得到 B1 为 6。

一般说来，如果能熟练掌握这几种方法，那么，当遇到大多数标准数独题目时，我们基本上都能够做出相应的解答。

		9		4		6		
		8					1	4
	2	4		6		7		
8	3	2	5	1	9	4	6	7
7	9	1		2		3	8	5
5	4	6	7	8	3		9	
	8	7		3		5	2	
		3					4	
		5		9		8	7	3

→

		9		4		6		
	57	8					1	4
	2	4		6		7		
8	3	2	5	1	9	4	6	7
7	9	1		2		3	8	5
5	4	6	7	8	3		9	
	8	7		3		5	2	
		3					4	
		5		9		8	7	3

⑤数对例题及其解法

知识链接

四阶数独

除了标准的数独形式外，我们常见的还有四阶数独、六阶数独等数独形式。这里以四阶数独为例。四阶数独是在同一行、列、宫中填入不重复的数字 1 ~ 4。这类数独常放在小学教材中进行讲解，适合刚刚接触数独的孩子。同时，我们还可以换一种方式，比如把数字 1 ~ 4 替换为孩子们日常熟悉的动物、水果、动画图案等，从而吸引孩子们的注意，教会孩子们数学的知识。

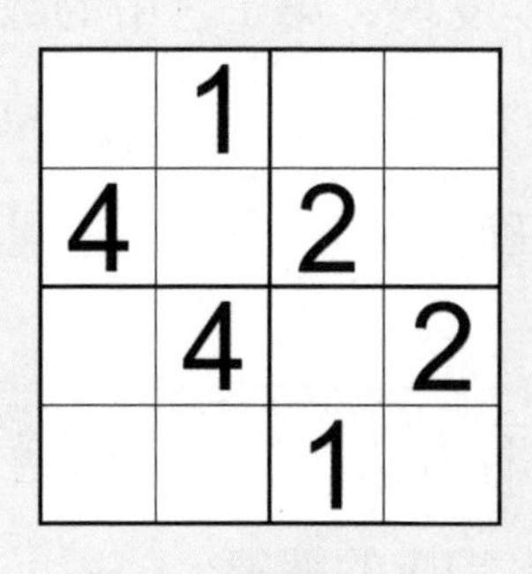

	1		
4		2	
	4		2
		1	

2	1	4	3
4	3	2	1
1	4	3	2
3	2	1	4

题目　　　　答案

四阶数独

变形数独

六阶对角线数独

六阶对角线数独是对六阶数独的一个升级，同样是在同一行、列、宫内填入不重复的数字 1 ~ 6，但是还要保证两条对角线上也是 1 ~ 6 数字且不重复。当然，不仅是六阶数独，九阶数独也可以设计成九阶对角线数独的形式。

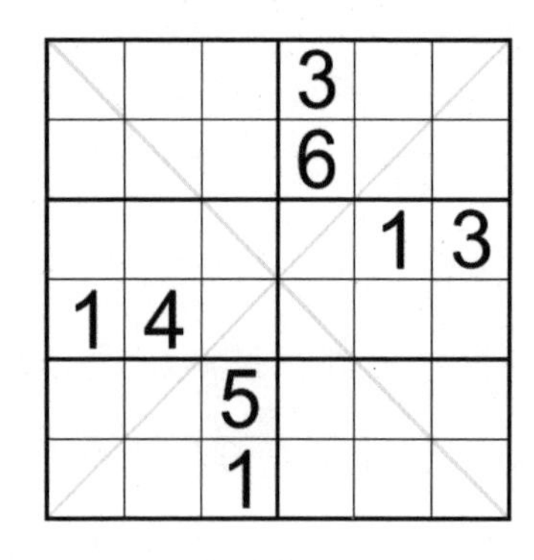

			3		
			6		
				1	3
1	4				
		5			
		1			

5	6	2	3	4	1
3	1	4	6	5	2
2	5	6	4	1	3
1	4	3	2	6	5
4	2	5	1	3	6
6	3	1	5	2	4

题目　　　　答案

六阶对角线数独

题目

	8						2	
4		9				8		3
	5		6				1	
				1		9		
			9		2			
		8		7				
	4				3		6	
8		5				3		1
	3						8	

答案

1	8	7	5	3	9	6	2	4
4	6	9	1	2	7	8	5	3
2	5	3	6	4	8	7	1	9
5	7	2	4	1	6	9	3	8
3	1	4	9	8	2	5	7	6
6	9	8	3	7	5	1	4	2
7	4	1	8	9	3	2	6	5
8	2	5	7	6	4	3	9	1
9	3	6	2	5	1	4	8	7

九阶对角线数独

窗口数独

窗口数独是在标准数独规则的基础上，要求每个涂色的区域里数字也不重复，以下图为例，这样的区域一共有 4 个，看上去像 4 扇窗户，所以这种题型被命名为窗口数独。

题目

	4			1			6	
		3	8		9	1		
	1						2	
1								3
3								1
	6						8	
		4	5		6	2		
	7			9			3	

答案

7	4	9	3	1	2	5	6	8
6	2	3	8	5	9	1	7	4
8	1	5	6	7	4	3	2	9
1	9	7	4	2	8	6	5	3
4	5	6	1	3	7	8	9	2
3	8	2	9	6	5	7	4	1
2	6	1	7	4	3	9	8	5
9	3	4	5	8	6	2	1	7
5	7	8	2	9	1	4	3	6

窗口数独

连续块数独

连续块数独是在标准数独规则基础上，要求每个涂色区域里都填入一组连续且不重复的数字（比如2、3、4、5、6），但是这些数字可能不是按照正常顺序排列的（填的时候顺序可能是2、6、4、5、3）。

4	6						8	5
8	7		2		6		3	1
				8				
	3						7	
		1		7		9		
	9						1	
				1				
3	1		9		7		5	4
6	4						9	7

题目

4	6	9	7	3	1	2	8	5
8	7	5	2	9	6	4	3	1
1	2	3	4	8	5	7	6	9
5	3	6	1	4	9	8	7	2
2	8	1	5	7	3	9	4	6
7	9	4	8	6	2	5	1	3
9	5	7	6	1	4	3	2	8
3	1	8	9	2	7	6	5	4
6	4	2	3	5	8	1	9	7

答案

连续块数独

杀手数独

以下图为例，杀手数独要求在同一行、列、宫内填入不重复的数字1～9，每个虚线框内数字也不重复，且框内的角标数字为框内数字之和。

						9		
					7	4	1	2
						8		5
					4			9

题目

5	1	9	8	7	6	2	4	3
8	4	6	2	5	3	1	9	7
3	2	7	4	1	9	5	8	6
9	3	1	6	2	8	7	5	4
7	6	8	9	4	5	3	2	1
2	5	4	7	3	1	9	6	8
6	8	5	3	9	7	4	1	2
4	9	3	1	6	2	8	7	5
1	7	2	5	8	4	6	3	9

答案

杀手数独

连体数独

连体数独是两个九宫数独共用一个宫，必须要两题一起观察才能解开全部谜题。

下面这道例题就是笔者专门为《知识就是力量》杂志设置的一个数独，是“知识就是力量”的简写——“知力”。看，是不是很形象？

	6													
	9	5	2	6										
	1		5		8	6	7	9						
	3		8		6			2						
4		7	1	2	5			3						
			3		4	8	1	5						
		9		4						2				
	5									8				
										6				
							7	9	1	4	2	6	3	
									8				1	
									3				4	
									6				5	
								3			9		2	
							1					3		

你能解开这个数独吗

7	6	3	4	1	9	2	5	8						
8	9	5	2	6	7	1	3	4						
2	1	4	5	3	8	6	7	9						
5	3	1	8	9	6	7	4	2						
4	8	7	1	2	5	9	6	3						
9	2	6	3	7	4	8	1	5						
3	7	9	6	4	2	5	8	1	7	2	3	4	9	6
1	5	2	7	8	3	4	9	6	5	8	1	2	7	3
6	4	8	9	5	1	3	2	7	9	6	4	5	8	1
						8	7	9	1	4	2	6	3	5
						2	3	4	8	5	6	9	1	7
						1	6	5	3	9	7	8	4	2
						7	4	2	6	3	8	1	5	9
						6	5	3	4	1	9	7	2	8
						9	1	8	2	7	5	3	6	4

“知力”答案

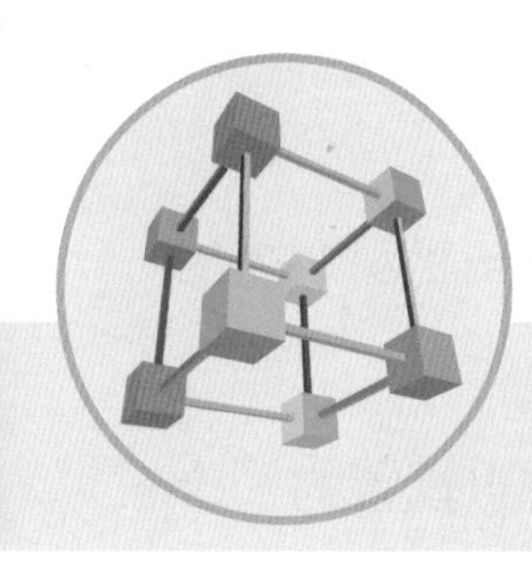

魔方里的数学密码

撰文/李世春

学科知识：

立方体　幻方　平行

魔方于1974年由匈牙利人厄尔诺·鲁比克发明。1978年，在芬兰首都赫尔辛基召开的一次国际数学家代表会议上，匈牙利的数学家们把魔方介绍给与会的专家、学者，引起了人们极大的重视。那么，这个小小的立方体到底与数学有怎样的关系呢？一起来看看吧！

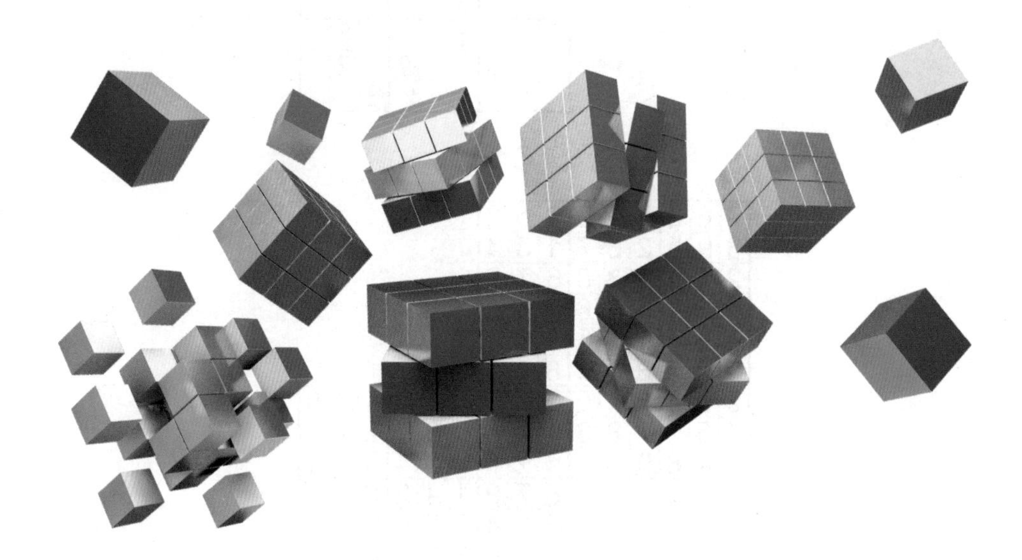

魔方立体元素

魔方起源——15 子棋

鲁比克是布达佩斯工艺学院的教师，主要讲授外形研究与画法几何学。为培养学生的三维想象力，他于 1974 年设计、制造了三阶魔方，并将其称为 Magic Cube。Magic Square（幻方）是数学的一个分支，所以 Magic Cube 早年被译为“幻立方体”。1979 年后，Magic Cube 改为 Rubik’s Cube，成为现在数学中的专有名词。

三阶魔方

追溯魔方的起源，不免要谈到 1880 年时美国的 15 子棋。15 子棋棋子和魔方小块在移动和排列上有相似之处。如图①～图③所示，通过滑动周围的棋子，棋盘中的空格可以沿着图示的线路在平面上线性转动起来，这和魔方小块在三维空间的转动类似。

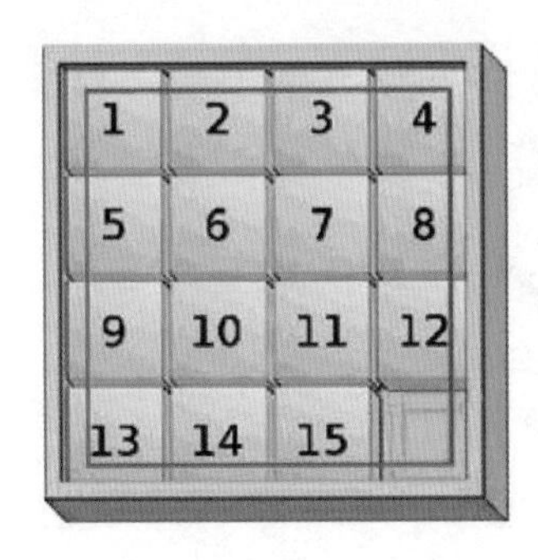

① ② ③

15 子棋棋盘中的空格旋转

（图①空格做 12 步滑动；图②空格做 8 步滑动；图③空格做 4 步滑动）

“离家”和“回家”

魔方一路走来，能风靡全球、经久不衰，和其中蕴藏的数学密码有密切关系。那么，魔方里到底有什么数学密码呢？

我们先简单讨论魔方的“离家”和“回家”问题。**当你拿着一个处于原始状态的魔方（即魔方处于复位状态），我们说魔方是在“家里”**。如果你是个新手，扭转魔方时，不要让魔方“离家”太远，可以靠直觉使魔方“回家”。

首先，随便选择一面，转动魔方 1 步，转角可以是 90° 或 180° 或 270°。对于魔方“离家”1 步远的情况，不难计算其状态共有 $6\times3=18$ 个。换句话说，即每个面分别转动 90° 或 180° 或 270°，6 个面共有 18 个状态。为了叙述方便，我们分别用 F、R、U、B、L、D 表示魔方的前面、右面、上面、后面、左面和下面。

魔方离家一步远的状态有 18 个

然后，让魔方“离家”2 步远，即先转动一个面，再转动另外一个

面。如果用符号表示就是

F（R、U、B、L、D）;R（F、U、B、L、D）;U（F、R、B、L、D）;

B（F、R、U、L、D）;L（F、R、U、B、D）;D（F、R、U、B、L）。

上面的组合共有30组，每个字母有3个可选择的转角，共有30×3×3=270个状态。需要强调的是，我们是在计算魔方的状态数，这涉及魔方的几何问题。例如，组合FB和BF给出的魔方状态是完全相同的。因为F面和B面平行，转动的先后次序不影响魔方的状态。因此，FB和BF，RL和LR，UD和DU分别相同，要去掉3个，剩下27个组合。那么，27×3×3=243，即魔方“离家”2步远，共有243个状态。当魔方“离家”2步远时，我们也可以轻松让魔方“回家”。

按照以上组合操作和比较魔方状态的方法，可以计算出：

魔方“离家”3步远，共有3240个状态；

魔方“离家”4步远，共有43239个状态；

魔方“离家”5步远，共有574908个状态。

如果随意让魔方“离家”5步远，而你仅仅用5步就能把它复位，那么你就是地地道道的天才。换句话说，面对574908个魔方状态，仅凭直觉用5步将这些魔方复位，世界上恐怕还没有人能够做到。

曾经有一个研究团队计算出魔方“离家”21步远的状态为0，也就是说，魔方“离家”最远是20步。于是，他们宣布：对于任何一个被打乱了的魔方，都可以在20步以内将其复原。

生活中，小孩子离家太远后往往容易迷路。同样，若魔方“离家”太远，一般人也无法将它复位。

魔方小块的方位

魔方里用到的数学既简单又吸引人。

三阶魔方有 8 个角块、12 个边块和 6 个心块，描述这些小块的空间方位有很简单的方法。如图④所示，用“111”三个数描述角块，用“110”三个数描述边块，用“100”三个数描述心块。如果考虑到负号（数字 1 上加横线），让三个数排列组合：“111”有 8 种情况，和魔方的角块一一对应；“110”有 12 种情况，和魔方的边块一一对应；“100”有 6 种情况，和魔方的心块一一对应。用这种方法，还可以描述二阶魔方、高阶魔方和某些异型魔方。

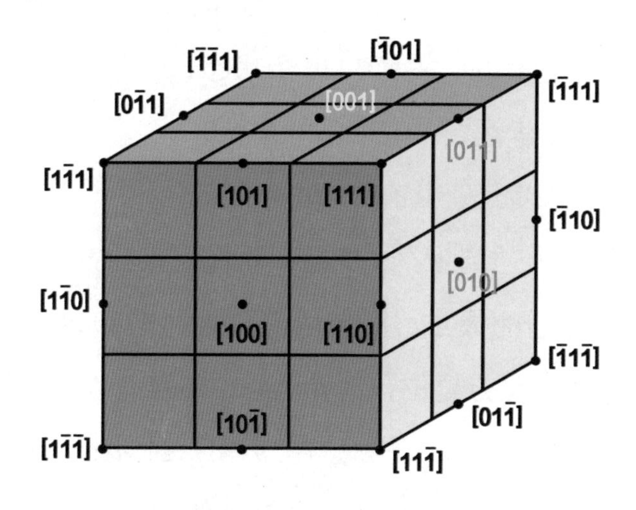

④用数组描述魔方小块的方位

12 面魔方（如图⑤）有 12 个心块、20（=5 × 12 ÷ 3）个角块、30（=5 × 12 ÷ 2）个边块。如果能计算出这些小块的空间坐标，就可以建立数学模型来描述这些小块的运动。

我们可以借助三阶魔方，计算出12面魔方各小块的空间坐标。如图④所示，魔方12条棱边中心的黑点，分布在6个面上，可以视为每面有2个。例如，蓝色面的前后两个黑点属于该面，黄色面上下两个黑点属于该面，以此类推。图④中魔方的边长由2个单位压缩到1.618，每个面上的黑点之间的距离压缩到1，把这些黑点近邻地连接起来，就构成一个正20面体，如图⑥所示。同时，我们得到了12个顶点的坐标。例如，A、B、C三点的坐标分别为（0.5，0，0.809）、（−0.5，0，0.809）、（0，0.809，0.5）。

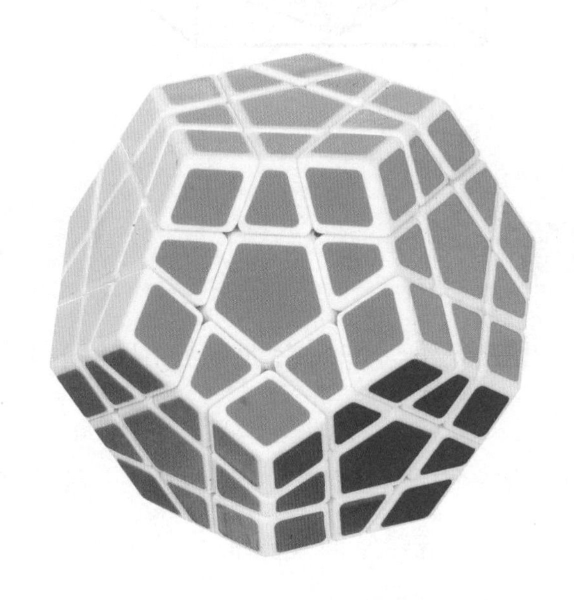

⑤正五边形12面魔方

参照图⑥的坐标系，可以把12个顶点的坐标标注在12面魔方的心块中心，一一对应。根据12面魔方心块的坐标，经简单的几何计算，可以求出其20个角块和30个边块的空间坐标，然后就可以计算12面魔方转动后小块坐标的变化。参照魔方的“离家”和“回家”规则，12 面魔方也可以按步找到和三阶魔方的对接点。

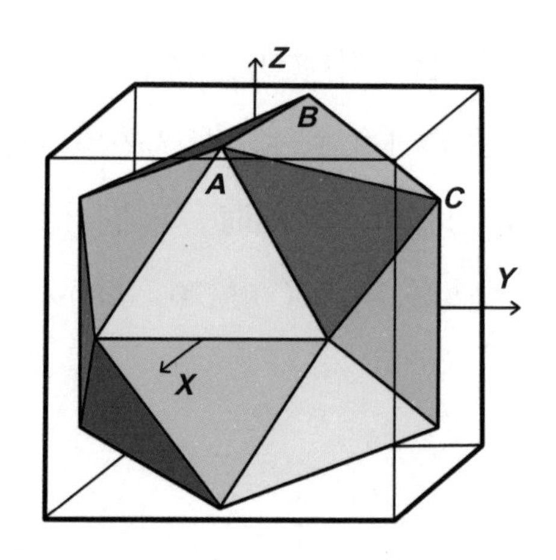

⑥一个置于立方体中的正 20 面体

5 个公式复位法

魔方的复位方法很多，下面给大家介绍最简单的“5 个公式复位法”。

首先，根据直觉能力复位魔方的第一层——通过魔方“离家”和“回家”操作，可以轻松培养空间直觉能力。然后，根据“牛郎和织女的故事”情节复位魔方的第二层 [可以参看“中国石油大学（华东）：魔方和数学建模”视频公开课]。最后，根据 5 个公式复位法，复位魔方的第三层。

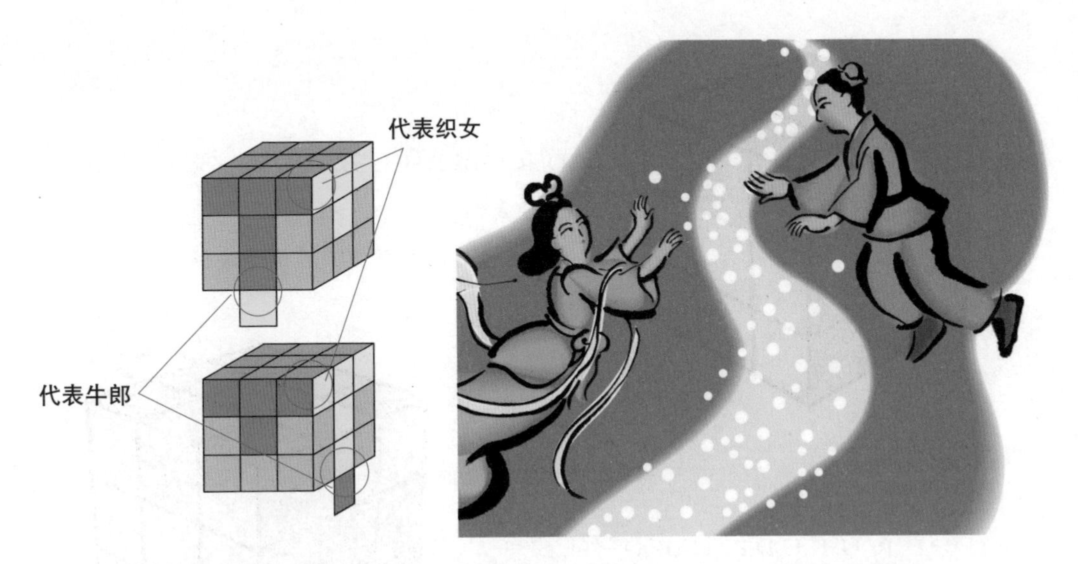

“牛郎和织女的故事”情节为复位魔方的第二层提供了形象化的思路

以下是操作序列的两种表达形式：① 6 个字母表示魔方的 6 个面，带“′”表示逆时针转动 90°，否则为顺时针转动 90°，带“2”表示转动 180°；②此种表达基于笛卡儿坐标系，坐落于正方向的面用右手操作，转动方向满足右手规则，坐落于负方向的面用左手操作，转动方向满足左手规则。

L,U,L′,U,L,U2,L′,U,−Y1,Z3,−Y3,Z3,−Y1,Z2,−Y3,Z3

交换两个边块位置，关联到角块，但不破坏复位的两层

B2,U′,R,L′,B2,R′,L,U′,B2,−X2,Z1,Y3,
−Y3,−X2,Y1,−Y1,Z1,−X2
只交换 3 个边块的位置，其他小块保持原位

B,U,B2,D′,R′,U′,R,U,D,B2,U2,B′,U,−X1,Z3,
−X2,−Z3,Y1,Z1,Y3,Z3,−Z1,−X2,Z2,−X3,Z3
只改变两个边块的颜色取向，其他小块保持不变

R′,F,R′,B2,R,F′,R′,B2,R2,Y1,X3,Y1,
−X2,Y3,X1,Y1,−X2,Y2
只交换 3 个角块的位置，其他小块保持不变

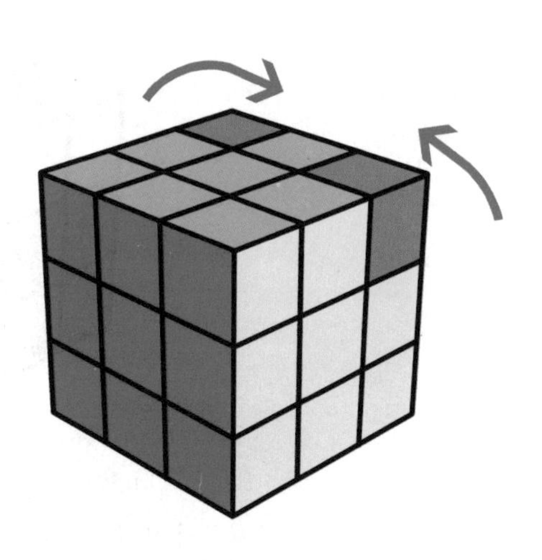

B,U′,F,L′,U2,L,U,B′,U′,L′,U2,L,F′,U,−X1,Z1,X3,
−Y3,Z2,−Y1,Z3,−X3,Z1,−Y3,Z2,−Y1,X1,Z3
只改变两个角块的颜色取向，其他小块保持不变

知识链接

盲拧的秘密

三阶魔方是变种魔方和高阶魔方的基础，三阶魔方的复位是魔方的经典内容。那些能快速复位魔方的人，除了勤学苦练之外，他们都具有非凡的记忆力。在手法相同的情况下，记忆的公式越多，复位的速度就越快。特别是那些盲拧（蒙眼复位）的人，没有非凡的记忆力是不可能将魔方复原的。

在开始盲拧之前，他们要长时间观察魔方，其目的是为了让角块和边块“对号入座”，编码相关的操作序列。以角块为例，来说明蒙眼复位魔方的基本方法。若 8 个角块分别为 A、B、C、D、E、F、G、H，原始状态为 A1、B2、C3、D4、E5、F6、G7、H8 占位，而现在的状态是 A2、B1、C4、D3、E8、F6、G7、H5，对比原始状态可知：A 和 B、C 和 D、E 和 H 分别交换了位置。对于以上魔方，在操作之前要分别记住交换 A 和 B、C 和 D、E 和 H 所需要的操作公式，那么蒙眼后就可以把魔方复位。

魔方里蕴含的数学知识，如同浩瀚海洋的沙滩海岸，浅的地方谁都可以来玩，包括幼儿园的小朋友，不需要什么装备就可以涉足；深的地方更好玩，但需要一些高阶的技能才可遨游。群论是研究魔方的主要数学理论，同样，魔方也是学习群论的最佳模型。近年来兴起的几何代数学，可以用来研究魔方问题，同样，通过玩魔方也可以更直观地学习和理解这些数学概念。

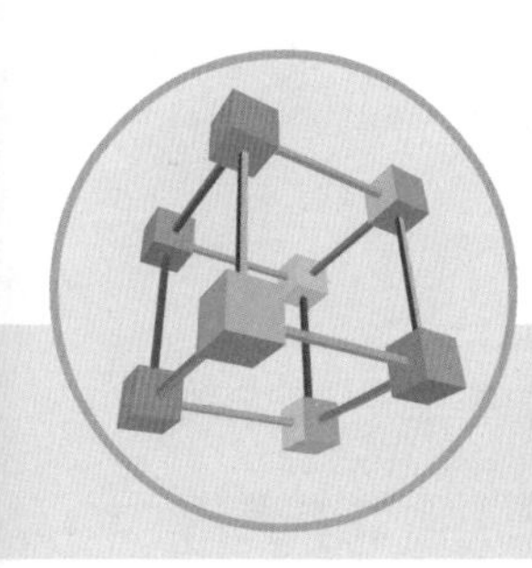

扑克牌魔术中的数学原理

撰文/赵　洁

学科知识：

奇偶性　等量加减　排列　组合

在扑克牌魔术中，魔术师通过令人眼花缭乱的洗牌、发牌、切牌，能胸有成竹地道出扑克牌的状态，或者“心灵感应”到观众之所想。但是你知道吗，一些扑克牌小魔术中其实也暗藏了数学原理。知道了这其中的奥秘，不需要道具和手法，你也可以变出扑克牌魔术，一起来试试吧！

扑克牌也可以变魔术

魔术之势均力敌

我们先统一几个术语：一张牌花色和点数朝上，我们就说它“面朝上”；反之，就说它“面朝下”；把一张牌“反过来”，意思是把它面朝上变成面朝下或者面朝下变成面朝上。

第一个魔术叫作“势均力敌”，分为4个步骤：

（1）任取10张扑克牌，面朝上放置；再任取10张，面朝下放置。

（2）把这20张牌混合在一起随意洗牌，只要不改变牌的朝向即可。

（3）牌洗好后，按照牌所在位置的奇偶性把它们分成左右两摞（即第1张、第3张、第5张……为一摞，第2张、第4张、第6张……为一摞）。

（4）随意选择其中1摞牌将其反过来。

这时，魔术师敢肯定地说：“两摞牌中，面朝上的牌的数量一定相等。”这是为什么呢？

魔术准备

结果：两摞牌中，面朝上的牌的数量相等

揭秘时间

原来，这个魔术不关心牌的花色和点数是什么，只考虑它的朝向。首先，洗牌并没有改变牌的朝向，从开始到结束一直是 10 张朝上 10 张朝下。其次，把牌按照奇偶性分开放，即把牌平均分成两摞，左边和右边都是 10 张。

假设现在左边有 m 张牌面朝上，n 张牌面朝下；假设右边有 p 张牌面朝上，q 张牌面朝下。

很显然，由于 $m+n=10$，$n+q=10$，所以 $m=q$，也就是说左边朝上的牌数等于右边朝下的牌数。同样，还能得到 $n=p$，即左边朝下的牌数等于右边朝上的牌数。**这里用到了非常简单的数学原理：等量加（或减）等量，结果仍是等量。**

最后一步把其中 1 摞牌反过来的操作，交换了这摞牌中牌面朝上和朝下的数量，魔术师的结论自然就成立了。

试一试

1. 如果改变扑克牌的数量，魔术仍然可以顺利开展，你认为扑克牌的总数应当满足什么条件？

2. 第（3）步中必须按照奇偶性把牌分成两摞吗？还可以怎么分？

3. 假如我们不再关心扑克牌的朝向，改为关心它的花色。请你修改魔术，使所得到的结果是“两摞牌中红色牌的数量相等”。

发牌

魔术之诗以言志

第二个魔术叫作“诗以言志”。

（1）任取20张扑克牌，请观众将牌两张一组任意搭配，分成10组放在桌上，并默默选定一组记住。

（2）魔术师按顺序将牌收起，再按某种方式将所有牌摆成4行5列。

（3）请观众说出他刚才选的牌在哪一行或哪两行里。

这时，魔术师立刻就知道观众选定的是哪两张牌。这又是为什么呢？

试一试

1. 若有30张牌，仍是两张一组，如何设计牌的排列方式？

2. 若有24张牌，改为3张一组，如何设计牌的排列方式？

揭秘时间

这个魔术的关键在于，**根据组合理论，把4行分别记为符号**A、B、C、D，**那么4种符号的两两组合（包括与自身）恰好有10种：**

AA			
AB	**BB**		
AC	**BC**	**CC**	
AD	**BD**	**CD**	**DD**

这使得4行的两两组合与10组牌形成了一一对应关系。

于是，我们可以按照下面的方式排列扑克牌：

例如，第 1 组的两张牌，同放在 A 行，对应组合 AA。第 2 组的两张牌，分放在 A 行和 B 行，对应组合 AB。以此类推，使得每一行中有且只有两张牌在同一组，每两行中也有且只有两张牌在同一组。见下面的例子：

A	1	1	2	3	4
B	2	5	5	6	7
C	3	6	8	8	9
D	4	7	9	10	10

这时，当观众说出牌所在的行数组合时，也就确定了是哪一组牌。

当然，排列方式的设计并不唯一。只要保证每组牌所占据的行位不重不漏地对应 10 个组合即可。最后，我们作一首打油诗来设计排列方式，其中两个相同的汉字表示同一组牌。一方面方便记忆，另一方面顺序混乱不容易被观众识破。希望你们也能设计出自己喜欢的排列方式。

丁丁作魔法，

作诗摆摆数。

修法靠修诗，

学魔靠学数。

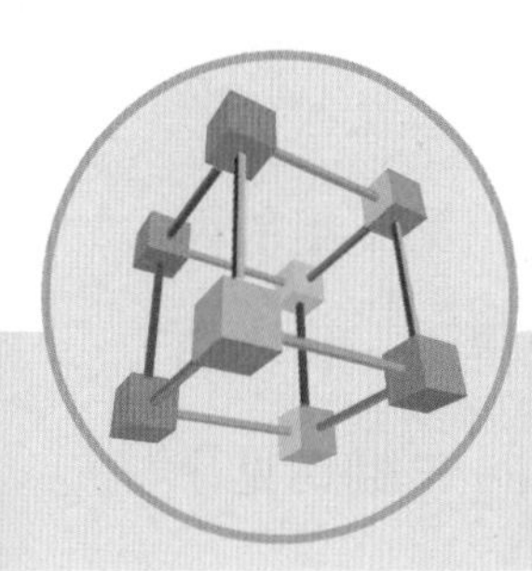

古典密码术

撰文 / 谭亦夫　　宋培非　　李子臣

学科知识：

循环　顺移　频率　统计

人类文明发展到使用语言和文字后，就随之产生了保密通信和身份认证问题，这成了密码学研究的主要任务。古典密码学与其说是一门科学，不如说更像是一门艺术，它们反映出古人的高超智慧和绝妙想象力，可以说是现代密码学思想的萌芽。1949 年，信息论的创始人、美国数学家克劳德·香农发表了名为《保密系统的通信理论》的文章，为密码技术的研究奠定了理论基础，由此密码学成了一门科学。而在此之前的密码被称为古典密码。

密码

古希腊“天书”

大约在公元前 700 年，古希腊军队用一种叫作 Scytale 的圆木棒来进行保密通信。其使用方法是：把长带子状羊皮缠绕在圆木棒上，然后在上面写字；解下羊皮后，上面只有杂乱无章的字符，只有再次以同样的方式缠绕到同样粗细的棒上，才能看出所写的内容。

这种 Scytale 圆木棒也许是人类最早使用的文字加密解密工具，据说主要是古希腊城邦中的斯巴达人在使用它，所以又被叫作“天书”。

斯巴达棒的加密原理属于密码学中的“置换法”（Permutation）加密，因为它通过改变文本中字母的阅读顺序来达到加密的目的。

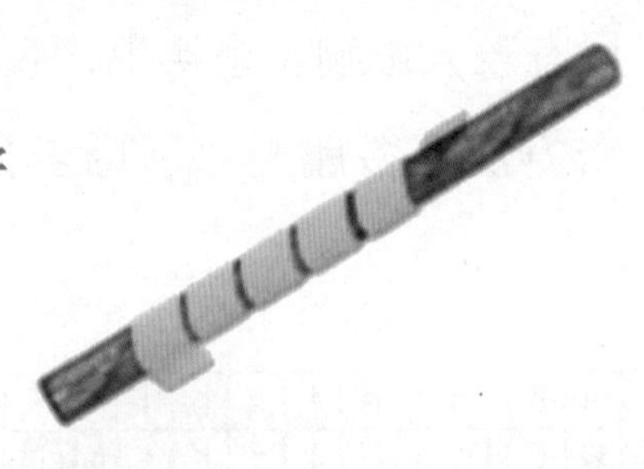

古希腊军队用于保密通信的 Scytale 圆木棒

斯巴达人“天书”信使

古罗马恺撒密码

古罗马的执政官和军队统帅恺撒发明了一种把所有的字母按字母表顺序循环移位的加密方法。例如，当规定按字母表顺移3位的话，那么a就写成d，b写成e，c写成f……x写成a，y写成b，z写成c。那么，Knowledge is power（知识就是力量），就加密成Nqrzohgjh lv srzhu。

从密码学的角度来看，恺撒加密法属于“单字母表替换”加密，而且替换的规则很简单。然而，恺撒加密的思想对于西方古典密码学的发展有较大影响。事实上，直到第二次世界大战结束，西方所使用的加密方法大多属于“字母表替换”加密，只是替换的规则越来越复杂。

明文	a	b	c	d	e	f	g	h	i	j	k	l	m	n	o	p	q	r	s	t	u	v	w	x	y	z
密文	D	E	F	G	H	I	J	K	L	M	N	O	P	Q	R	S	T	U	V	W	X	Y	Z	A	B	C

恺撒密码字母替换表（举例）

恺撒密码字母循环移位盘

欧洲加密术

替换加密就是把普通信文中的文字符号替换成其他文字符号，以达到加密的目的，其替换规则只有合法的通信者知道。鉴于西方国家大都使用拼音文字，仅包含二十几个字母和几个标点符号，文字符号较少，所以很适合用替换法进行加密。前文提到的恺撒密码，就是一种替换加密。其加密过程就是按照恺撒密码字母替换表替换，把每一个明文字母替换成密文行中相应的一个字母。

这种加密方法具有“明密异同性”，利用频率分析法可以破解。于是，从15世纪中叶起，欧洲人开始研究设计“多字母表替换加密”方法，即明文中同一个字母在不同的位置上会有不同的替换符号。其中最有名的当属维吉尼亚密码。它主要使用一张字母矩阵表，其中第一行是任意给定的字母表，第二行是第一行左循环移一位，而形成的字母替换表。第三行又是第二行左循环移一位，以下各行以此类推。加密时，对于明文中的同一个字母，当其第一次出现时，使用表的第一行来替换，第二次出现时使用第二行替换，以此类推。如果该字母出现次数已超过矩阵的行数，则回到第一行继续下去。解密同加密一样，也是从上到下逐行进行。

	A	B	C	D	E	F	G	H	I	J	K	L	M	N	O	P	Q	R	S	T	U	V	W	X	Y	Z
A	A	B	C	D	E	F	G	H	I	J	K	L	M	N	O	P	Q	R	S	T	U	V	W	X	Y	Z
B	B	C	D	E	F	G	H	I	J	K	L	M	N	O	P	Q	R	S	T	U	V	W	X	Y	Z	A
C	C	D	E	F	G	H	I	J	K	L	M	N	O	P	Q	R	S	T	U	V	W	X	Y	Z	A	B
D	D	E	F	G	H	I	J	K	L	M	N	O	P	Q	R	S	T	U	V	W	X	Y	Z	A	B	C
E	E	F	G	H	I	J	K	L	M	N	O	P	Q	R	S	T	U	V	W	X	Y	Z	A	B	C	D
F	F	G	H	I	J	K	L	M	N	O	P	Q	R	S	T	U	V	W	X	Y	Z	A	B	C	D	E
G	G	H	I	J	K	L	M	N	O	P	Q	R	S	T	U	V	W	X	Y	Z	A	B	C	D	E	F
H	H	I	J	K	L	M	N	O	P	Q	R	S	T	U	V	W	X	Y	Z	A	B	C	D	E	F	G
I	I	J	K	L	M	N	O	P	Q	R	S	T	U	V	W	X	Y	Z	A	B	C	D	E	F	G	H
J	J	K	L	M	N	O	P	Q	R	S	T	U	V	W	X	Y	Z	A	B	C	D	E	F	G	H	I
K	K	L	M	N	O	P	Q	R	S	T	U	V	W	X	Y	Z	A	B	C	D	E	F	G	H	I	J
L	L	M	N	O	P	Q	R	S	T	U	V	W	X	Y	Z	A	B	C	D	E	F	G	H	I	J	K
M	M	N	O	P	Q	R	S	T	U	V	W	X	Y	Z	A	B	C	D	E	F	G	H	I	J	K	L
N	N	O	P	Q	R	S	T	U	V	W	X	Y	Z	A	B	C	D	E	F	G	H	I	J	K	L	M
O	O	P	Q	R	S	T	U	V	W	X	Y	Z	A	B	C	D	E	F	G	H	I	J	K	L	M	N
P	P	Q	R	S	T	U	V	W	X	Y	Z	A	B	C	D	E	F	G	H	I	J	K	L	M	N	O
Q	Q	R	S	T	U	V	W	X	Y	Z	A	B	C	D	E	F	G	H	I	J	K	L	M	N	O	P
R	R	S	T	U	V	W	X	Y	Z	A	B	C	D	E	F	G	H	I	J	K	L	M	N	O	P	Q
S	S	T	U	V	W	X	Y	Z	A	B	C	D	E	F	G	H	I	J	K	L	M	N	O	P	Q	R
T	T	U	V	W	X	Y	Z	A	B	C	D	E	F	G	H	I	J	K	L	M	N	O	P	Q	R	S
U	U	V	W	X	Y	Z	A	B	C	D	E	F	G	H	I	J	K	L	M	N	O	P	Q	R	S	T
V	V	W	X	Y	Z	A	B	C	D	E	F	G	H	I	J	K	L	M	N	O	P	Q	R	S	T	U
W	W	X	Y	Z	A	B	C	D	E	F	G	H	I	J	K	L	M	N	O	P	Q	R	S	T	U	V
X	X	Y	Z	A	B	C	D	E	F	G	H	I	J	K	L	M	N	O	P	Q	R	S	T	U	V	W
Y	Y	Z	A	B	C	D	E	F	G	H	I	J	K	L	M	N	O	P	Q	R	S	T	U	V	W	X
Z	Z	A	B	C	D	E	F	G	H	I	J	K	L	M	N	O	P	Q	R	S	T	U	V	W	X	Y

第一行

第二行

维吉尼亚密码矩阵

维吉尼亚密码后来出现过多种改进和变形。其中一种变形就是，由密钥确定密文所在的行，明文确定密文所在列。在加密方阵中，行和列的交叉就是相应的密文。

例如：密钥 k=best（可循环使用），明文 m=datasecurity，密文 C=EELTTIUNSMLR。

在维吉尼亚密码的加密过程中，一个明文字母根据在明文中出现的顺序或者密钥的不同，会有多种变化，最多能有 26 种变化。而恺撒密码的加密过程与明文字母的顺序没有关系，只有一种变换。所以恺

撒密码是“单表密码体制”，而维吉尼亚密码是“多表密码体制”。显然，多表加密比单表加密复杂许多，因此其破解难度也加大许多。自从维吉尼亚加密术出现以后，多表加密成为欧洲人最常用的加密方法之一。

破译古典密码

公元 7 世纪开始兴盛的阿拉伯民族是最早系统总结并使用密码分析方法的民族。1987 年，科学家发现了阿拉伯数学家肯迪约在公元 850 年写的《解码手册》。书中关于密码分析的描述如下：如果我们已经知道了一份密文所使用的语言，要破解它的一种方法是找一份用同样语言写的明文，大约有一页纸的长度。然后统计其中每个字母出现的次数，把出现频率最高的字母叫作“第一”，出现频率次高的字母叫作“第二”，以此类推，直到数完明文中所有的字母。然后再看要破解的那份密文，同样对其中的符号做频率排序。我们找到出现频率最高的那个符号并把它替换为上述的“第一”字母，找到出现频率次高的符号并把它替换为“第二”字母，找到再次高的符号并替换为“第三”字母，以此类推，直到数完密文中的所有符号。这是历史上最早的研究用频率分析法破解密码的文献，比西方的同类文献早了大约 300 年。基于字母和单词的统计学特性的频率分析方法一直是破解密码最基本和最常用的方法之一。

[illegible]

بسم الله الرحمن الرحيم وحسبنا الله وحده

رسالة ابي يوسف يعقوب بن اسحق الكندي في استخراج المعمى [illegible]

[illegible]

密码分析学创始人阿拉伯学者肯迪和他的《解码手册》首页

例如，已知经恺撒密码加密过的密文：

HQGHDYRUWRVHHWKHJRRGLQHYHUBVLWXDWLRQ

统计得出，上面密文中字母“H”是出现次数最多的字母，频率约为 0.194（出现次数 / 所有字母数量）。

根据“英文中字母出现概率的统计表”，字母“e”出现频率最高，约为 0.127。

字母	频率	字母	频率
a	0.082	n	0.067
b	0.015	o	0.075
c	0.028	p	0.019
d	0.043	q	0.001
e	0.127	r	0.060
f	0.022	s	0.063
g	0.020	t	0.091
h	0.061	u	0.028
i	0.070	v	0.010
j	0.002	w	0.023
k	0.008	x	0.001
l	0.040	y	0.020
m	0.024	z	0.001

英文中字母出现概率的统计表

那么，密文字母 H 对应的明文就应该是 e，H 对应的数字为 7，e 对应的数字为 4（a 对应 0，b 对应 1，c 对应 2……y 对应 24，z 对应 25），于是根据恺撒密码加密规则：C=m+k（mod26），其中，C 为密文，m 为明文，k 为密钥。可以得出密钥 k=3，将密文中的字母（H）向前移 3 位，就可得到其明文对应字母（e）。解密后得出明文：Endeavor to see the good in every situation（努力在每个情况下看到好的一面）。

第二次世界大战中的密码战，是当时敌对双方最优秀的科学大脑和最先进的科技之间的生死较量，但究其所依据的加密原理，仍然是替换和移位，破解原理是基于字母和单词的频率分析，只是复杂的程度不同而已。当然，肯迪的方法只能破解较原始的单表替换加密方法，对于较复杂的多表替换加密方法是无能为力的。然而，对于多表古典密码体制，利用密文的重合指数方法和密文中字母统计规律相结合，同样可以破译。

知识链接

中国古代密码

从古到今，军队历来是使用密码最频繁的领域之一，因为保护己方秘密并洞悉敌方秘密是克敌制胜的重要条件。中国古代有着丰富的军事实践和先进的军事理论，其中不乏巧妙、规范和系统的保密通信和身份认证方法。

1. 兵书《六韬》中的“阴符”和“阴书”

“阴符”和“阴书”中的“阴”显然是指“机密”，“符”是指“符号”，也有编码的意思；而古文中的“书”是指“信件”或“文件”。所以，按照字面意义理解，“阴符”和“阴书”就是后来密码学中的“加密后的信息”或“密文”，其加密的方法，相当于现代密码学中变换的代替或移位。

2. 虎符和信牌

虎符、信牌和符契，都具有验证身份的作用。其中“符”字本义是指古代朝廷下命令的凭证；部首的“竹”表明最早的“符”是用竹子做的。“符”通常做成两部分，使用时一分为二，验证时合二为一；只有同一符的两部分才能完美地合在一起；这就是常用词“符合”的来历。近代间谍史上，常有人把纸币钞票一撕为二，作为接头联络的工具，其原理同“符”。现代密码学中，运用公钥和私钥体系进行身份认证的方法也与“符”相通。

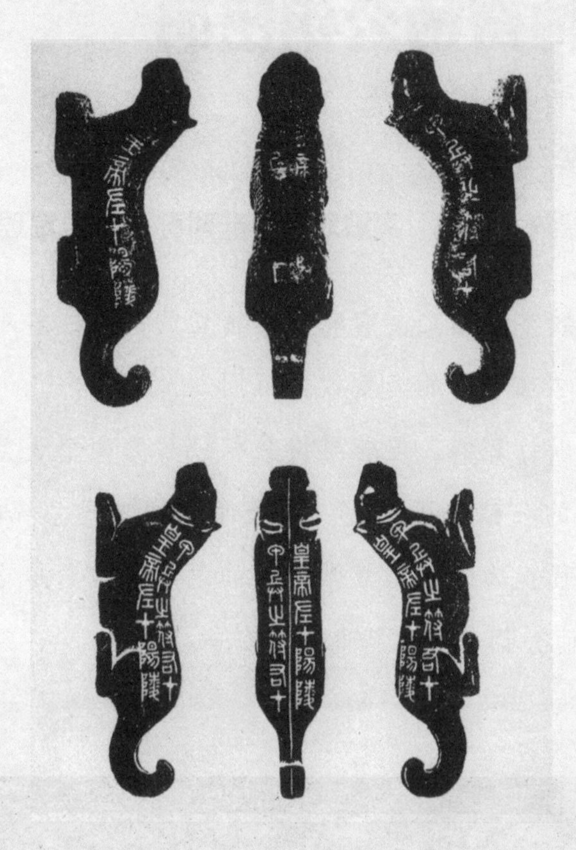

虎符

信牌

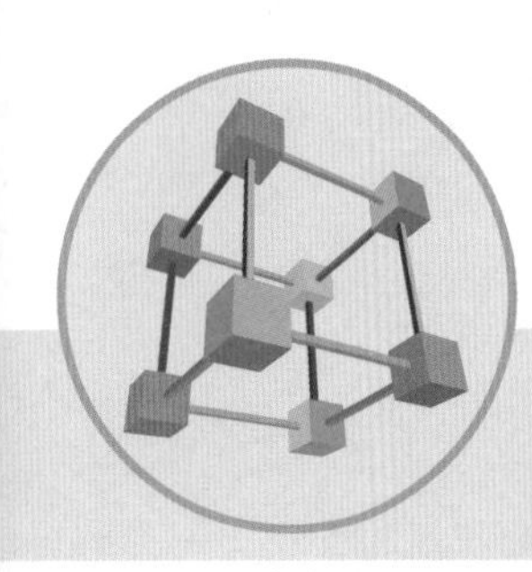

神奇的公钥密码

撰文/杨亚涛　　黄洁润

学科知识：

整数　乘积　离散对数　非对称　欧拉定理

密码学与数学难题之间有着非常密切的关系，非对称密码就是基于有名的数学难题（如大整数分解问题，即两个几十位的整数相乘的乘积是可以计算的，但若要将乘积分解为两个大整数却是很困难的）来设计的公钥密码系统。从破译公钥密码系统的角度来看，可以将破译过程视为对一种数学难题的求解，难题越难，破译起来就会越困难，而公钥密码体制也就越安全。

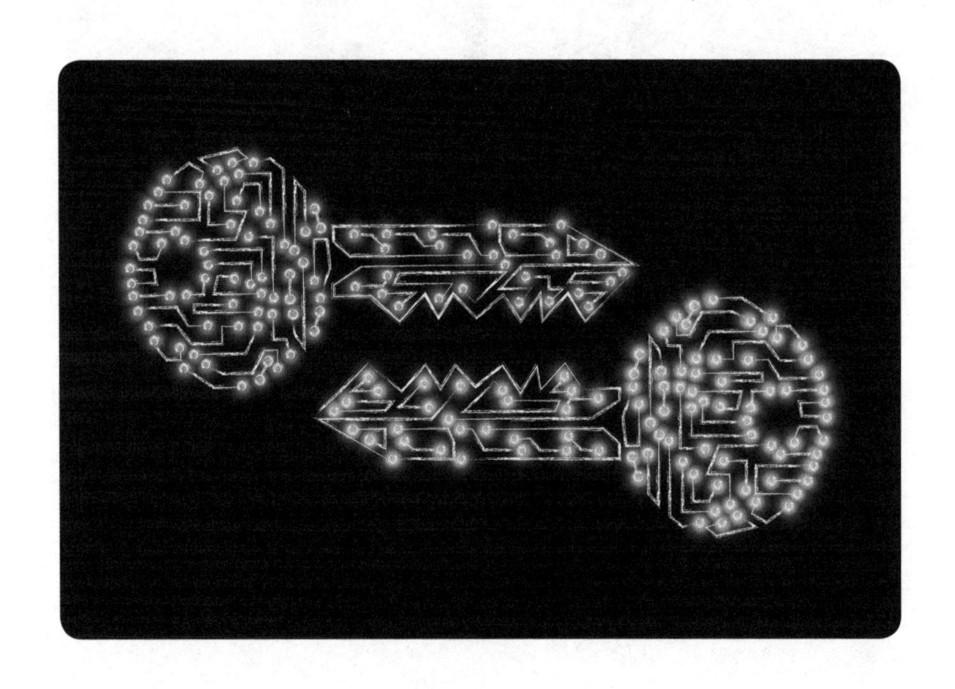

什么是公钥密码

公钥密码算法为加密和解密使用不同密钥的密码算法，其中一个密钥是公开的，称为公开密钥（Public Key），简称公钥，用于加密或验证签名；另一个密钥为用户专用，是保密的，称为私钥（Private Key），用于解密或签名。由于公钥密码体制的公钥是公开的，通信双方不需要利用传统的秘密信道就可以进行加密通信，同时也可以很方便地为数据加密协商出共享的会话密钥，因此在现代密码通信领域中有着广泛应用。

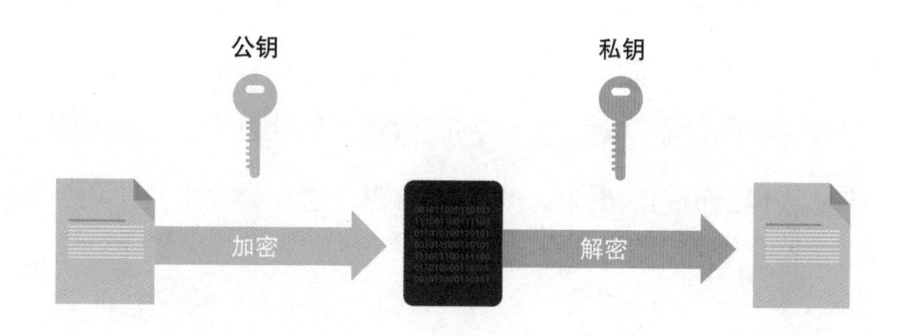

想象一下，小明和小红是两个好朋友，他们想要在课间休息时互相传递秘密笔记，但他们担心其他人会窥探这些笔记的内容。为了解决这个问题，他们决定使用一种特殊的“魔法”来保护他们的秘密——这种魔法就是公钥密码算法。

小明先发明了一种特殊的“魔法盒子”（公钥），任何人都可以用它来锁住一个秘密信件，但是只有拥有特殊“魔法钥匙”（私钥）的人才能打开它。小明把这个“魔法盒子”公开给了所有人，包括小红，但是他把“魔法钥匙”只保留给自己。

现在，小红想给小明发送一个秘密笔记。她就使用小明提供的“魔法盒子”来锁住她的笔记。因为笔记被锁在盒子里了，所以即使其他人看到了盒子，他们也打不开它，看不到笔记的内容。当小明收到这个锁着的盒子时，他就用他的“魔法钥匙”打开它，读取小红的秘密笔记。

同样，如果小明想回复小红一个秘密笔记，他也可以使用小红创建的“魔法盒子”来锁住回复的笔记，然后只有小红能用她的“魔法钥匙”打开。

公钥密码体制的出现是迄今为止密码学发展史上一次最伟大的革命。1976 年，美国密码学与安全技术专家惠特菲尔德·迪菲和马丁·海尔曼共同提出了公钥密码的思想。基于此思想建立的密码体制，被称为公钥密码体制或非对称密码体制。对于公钥密码体制，算法具有以下重要特性：在已知密码算法和公钥的情况下，来求解私钥，这在计算上是不可行的。

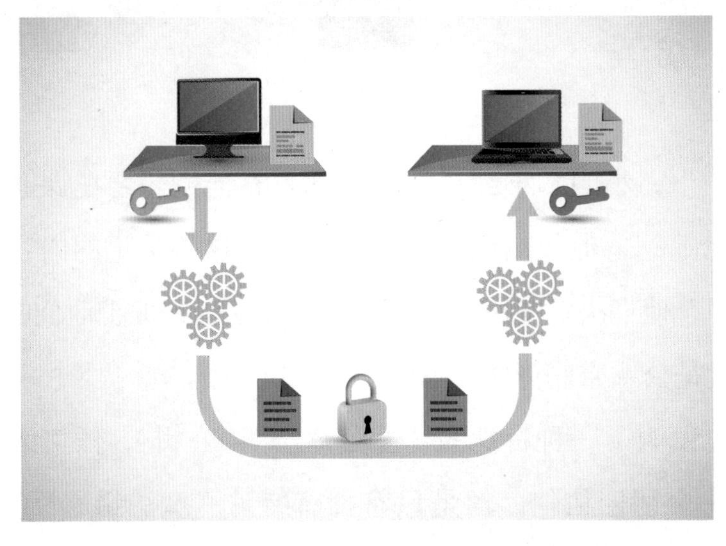

公钥密码体制的出现，大大提高了信息传输的安全性

密码算法

在公钥密码体制问世之前，几乎所有的密码算法，包括古典密码、手工计算密码、机械密码、对称密码等，都是基于代换或置换这两个基本方法（也有不是基于这两种方法的，如一次性密码本）。

国外的公钥密码主要有 RSA 公钥密码体制和 ElGamal 公钥密码体制等。1978 年，麻省理工学院的三位密码学家维斯特、萨莫尔和阿德尔曼提出了 RSA 密码算法，它是一种用数论构造的、迄今为止理论上较为成熟完善的公钥密码体制。1985 年，厄格玛尔提出了 ElGamal 公钥密码体制，这个体制的规则有点复杂，但是它能让信息变得非常安全，就像给信息“穿上”了一件“防护服”。这个防护服是靠一个很难的数学问题来保护的，这个问题叫作离散对数问题。虽然世界上有很多非常聪明的大脑在研究这个离散对数问题，也找到了一些方法来解决它，但是用我们现在的计算机，要解决这个问题还是像登天一样难。所以，ElGamal 公钥密码体制现在还是很安全的。

公钥密码体制原理

公钥密码体制的加密和解密过程包括如下几个步骤：

（1）产生一对密钥（pk，sk），其中 pk 是公钥，sk 是私钥。

（2）将公钥 pk 予以公开，另一私钥 sk 则保密存放。

（3）发送方使用接收方的公钥加密明文 m，得到并发送密文 c。

（4）接收方收到密文 c 后，用自己的私钥 sk 进行解密。由于只有接收方知道其自身的私钥 sk，所以其他人即使截获了密文 c，也无法对密文 c 进行解密。

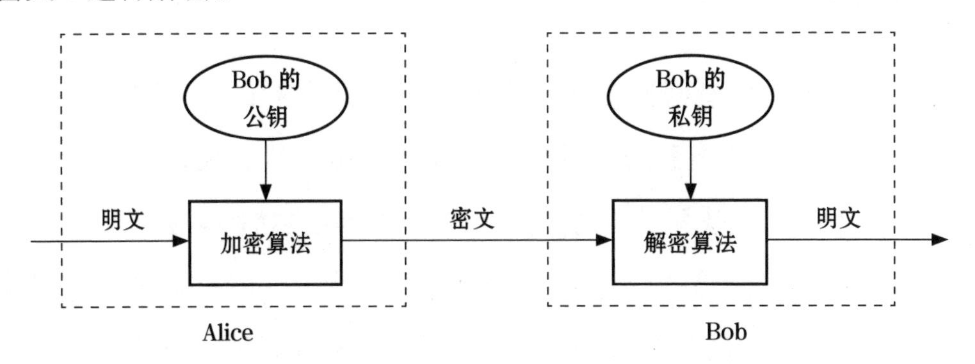

公钥密码体制下的秘密通信

知识链接

非对称密码体制

公钥密码体制又称非对称密码体制，其与对称密码体制最大的区别在于有两个密钥——一个公共密钥 pk 和一个私有密钥 sk，而对称密码体制的消息发送方和消息接收方必须使用相同的密钥，且该密钥必须保密。RSA 密码算法的数学基础是数论中的欧拉定理，其安全性基于数论中大整数分解的困难性，它既可用于加密又可用于数字签名。

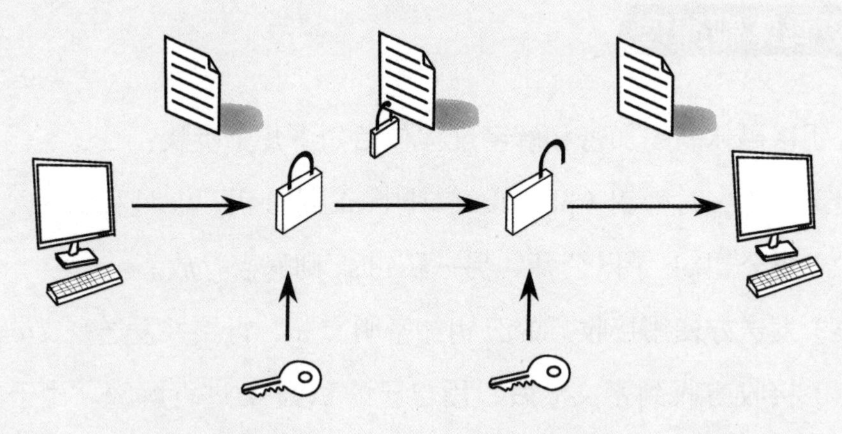

公钥密码在信息安全中得到了普遍应用

公钥密码的不可抵赖性

对于信息安全来说，除机密性之外，不可抵赖性也是不可忽视的方面。特别是今天，信息网络渗透到金融、商业以及社会生活的各个领域，信息的不可抵赖性已经变得越来越重要。比如在电子商务活动中，主要的支付方式有通过IC卡终端转账、通过信用卡金融网络划拨、电子支票、扫码支付等，无论哪种方式，任何环节的纰漏都会引发安全问题。而公钥密码可以有效地解决机密性、不可抵赖性和身份认证这些信息安全问题。

不可抵赖性是指在信息交互活动中的参加者不能否认所发生的事件和行为。一般情况下，不可抵赖性包含两个方面：一方面是发送方的不可抵赖性，也就是说，张三发了一个消息给李四，张三就不能否认这个事实；另一方面是接收方的不可抵赖性，例如小明要购买某个玩具公司的产品，通过网络给这个公司成功支付了订金，公司就不能否认收到了订金。在很多互联网活动比如在电子商务、个人办公等系统中，都要解决好不可抵赖性的问题。

不可抵赖性可以用公钥密码算法和数字签名技术来实现。数字签名，类似于现实生活中人的手写签名，它的本质是该签名只有通过签名者本人的私有信息才能产生，即一个签名者的签名只能唯一地由其自己产生，别人不能伪造。当收发双方产生争议时，第三方权威机构就能够根据消息上的数字签名来裁定这条信息来自何方，从而实现对信息发送或接收行为的不可抵赖性。公钥密码算法是实现数字签名技术的基础。

公钥密码被应用在金融网络支付等领域

在通信或交易时，应该保证信息的接收方和发送方能够被唯一地标识出来，让通信或交易的双方都能够知道信息从哪里来或者到哪里去，我们将这种安全保障简称为身份认证。按照被验证对象的不同，可以将身份认证分成三种：一是对设备的身份认证，二是对人的身份认证，三是对信息的身份认证。通过对主机地址、主机名称、拥有者的口令等的验证在一定程度上保证了对设备的身份认证；通过公钥密码算法和数字签名技术，可以比较完美地实现对人员、设备或信息的身份认证。

电子商务领域，需要解决身份认证问题

密码学与数学的关系紧密

上述内容主要介绍了公钥密码与数学的紧密关系，以及公钥密码体制在生活中的广泛应用。在密码学的发展历程中，密码与数学相伴而生，数学已经成为密码学发展的重要基石和理论基础。基于数学难题构造的公钥密码体制是现代密码学中不可或缺的重要组成部分。

PART 03

玩转生活中的趣味数学

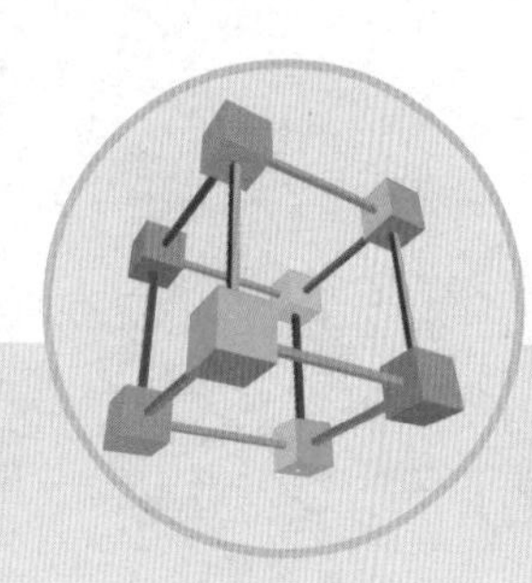

运动中的数学奥秘

撰文/黄　雷

学科知识：

奇数　偶数　平行　射影几何　抛物线

相信很多人对丁俊晖这个名字并不陌生，被称为“东方之星”的他，从8岁开始接触台球，15岁就获得了世界青年斯诺克（台球）锦标赛冠军，成为中国第一个斯诺克世界冠军。借着这个话题，我们聊一聊体育运动中存在的数学原理。一般情况下，体育运动现场所面对的情形十分复杂，不仅运动状态千变万化，还要考虑到温度、风速等各种外部环境对运动的影响。下面，我们以几种典型的体育运动为例，简化其中的数学模型，给大家阐述其中蕴含的一些简单的数学原理。

运动中蕴含着数学奥秘

攻与防，反弹规律来帮忙

大部分斯诺克高手都很精通“做球”和“解球”。在比赛中，我们常常看到母球在经过球桌边的很多次反弹后，被推到了一个十分不利于对方击球的位置，这叫作“做球”。如果将母球从一个很不利的位置击出，通过连续反弹，最后触碰到了规定的球，避免对手得分，这就是“解球”。**在不考虑台球运动中自身旋转的因素下，台球在球桌上的反弹非常有规律，一般来讲，台球的运动规律符合镜面反射原理。**

看下图中的图①和图②，白球被击出之后，遇到球桌的一条边框，改变了前进的路线，这个过程就叫作被边框反弹，这样的反弹在不考虑外部影响以及自身旋转因素下，始终满足入射角等于出射角，整个图形关于一条垂直于边框的直线完全对称。图③和图④表示，反弹两次后白球的前进方向一定与原来的方向平行，但是方向可能相同或相反。

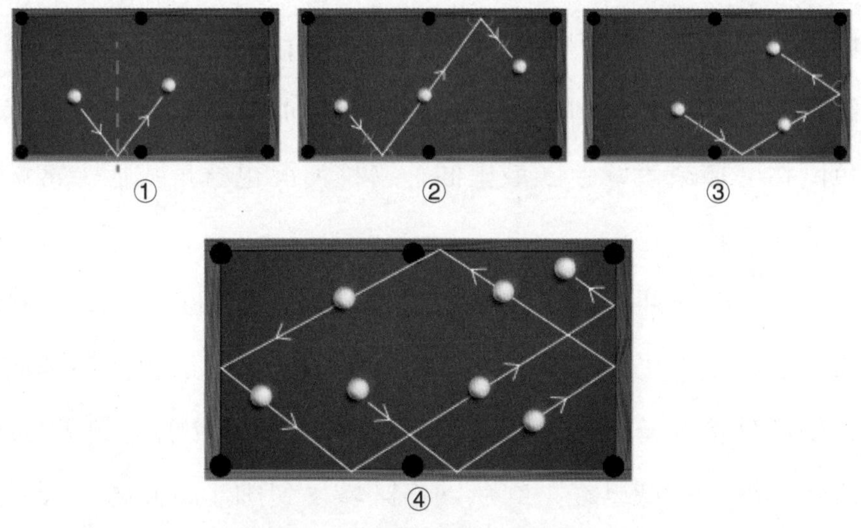

镜面反射在台球运动中的运用

那么，如果经过多次反弹，之后球的前进方向是否很难计算？只要没有台球的自转，答案很简单，记住两句话就足够了：那就是**所有经过奇数次反弹之后母球的前进方向都相互平行，所有经过偶数次反弹之后母球的前进方向都与最初始的击打母球的方向平行**。就这么简单，你明白了吗？

面对单刀赴会的“关云长”，你怕了吗

大家知道守门员（又称门将）在足球运动中处在一个非常重要的位置，有的时候加强防守比加强进攻更容易赢得比赛。在面对对方球员的“单刀球”时，为什么很多守门员会选择弃球门于不顾，正面迎向进攻球员呢？我们一起来探讨其中蕴含的科学道理——射影几何原理。

假设在下图图①中，球门区域用蓝色表示，进攻球员在 S 点，门将在 T 点，门将的瞬时反应区域标记为绿色，也就是说进攻球员如果把球射到绿色区域内，门将就来得及扑到球；如果把足球射到绿色区域外红色网格区域内，门将会因为扑不到球而被进球；如果足球没射到红色网格区域或者绿色区域里面，这种情况也就是我们平常说的把球射偏了或者射高了。

现在门将向前迎着进攻球员走到了 T' 点，如图②所示，门将的防守区域大小不变，仍用绿色表示，但是绿色外边的红色网格区域小了很多，所以他的防守压力就减轻了。如果门将继续前进到 T'' 点，如图③所示，绿色区域已经把红色网格区域反包围了，此时就表示进攻

球员的有效射门角度被门将大大限制了。所以门将遇到“单刀球”果断出击是有一定科学道理的。

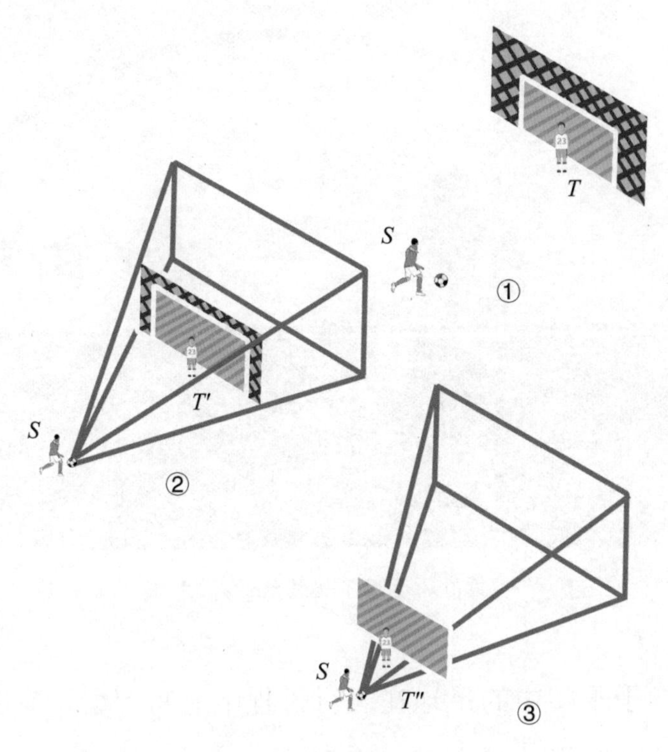

门将出击运用了射影几何原理

面对门将出击，“单刀球”的进攻球员就没有办法了吗？并非如此。“高吊球”便是进攻球员常用的反制门将出击的方法之一。因为在不考虑旋转、风速等因素影响的情况下，运动中的足球通常会沿着一条开口朝下的抛物线前进，所以当守门员因出击而离球门距离较远时，他就防守不住从上空飞过去的球，进攻球员就可以轻松地通过精准的脚法和抛物线式的运动轨迹把足球送入球门。曾经大名鼎鼎的巴西球员罗纳尔多就因为擅长各种出其不意的吊球方式，而被称为“外星人”。

高吊球运用了抛物线的原理

不过，由于现实中的足球在飞行过程中通常都会带有旋转，所以很难有非常完美的抛物线运动。相反地，一些球员很擅长对足球施加不同角度的力，使足球产生各式各样的旋转，这些旋转会影响足球在空中的运动轨迹，从而让对方难以防守。例如，球迷口中常常提起的“香蕉球”“电梯球”“落叶球”等。当然，这样的弧线运动十分复杂，需要球员相当精湛的技术和恒久的练习。

历史上，通过这种弧线球技术成名的球员也有不少。比如英格兰球员贝克汉姆的成名绝技就是“圆月弯刀”，又称贝氏弧线，在贝克汉姆脚下的足球总是可以在空中划出很大的弧线并且精准地落在队友脚下。

再比如曼联时期的克里斯蒂亚诺·罗纳尔多，他在禁区外围的任意球总是一大杀器，由于他罚球时踢出的球会在越过人墙高度后突然急速下坠，完全不给对方守门员反应时间，所以大家形象地称之为“电梯球”。“电梯球”的原理据他自己介绍就是控制好足球的旋转时间，我们在慢镜头回放时也会看到足球在空中的状态甚至达到静止，几乎没有一点自转，十分神奇。

后撤——为了更好地进攻

说完了台球和足球后，我们再来讲一讲篮球投篮过程中的小技巧。为什么球场上总有“百步穿杨”的选手，而自己一投篮就总会击中篮筐弹出，变成球场上的“打铁王”呢？

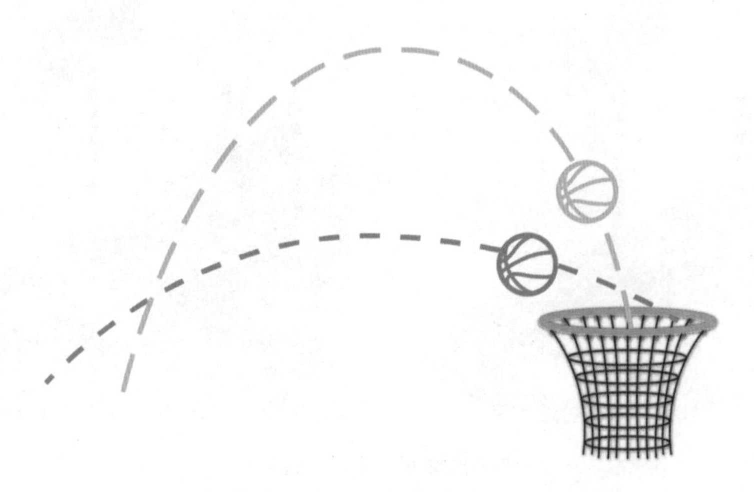

投篮是一个下行曲线式的抛物线

我们都知道，篮筐的高度是远高于一般人身高的，所以就不存在像足球射门中的“平球射门”，我们所做的投篮动作最终一定会让篮球形成一道弧线飞向篮板。每一次的投篮都是一个下行曲线式的抛物线。

所以对于普通人来讲，更高的抛物线会使球更容易进入篮筐，而较低的抛物线会导致篮球更多地击中篮筐弹出。

这也阐明了让投篮精准度提升的奥秘，我们在做出一套完整的投篮动作时，手腕的力量与出手的角度要调整好。在投篮时，手掌应当拨一下球，使篮球在空中有一些回旋，而出手高度则要根据自身情况进行调整。

篮球比赛中经常能看到“后仰跳投”，这样的投篮动作在比赛命中以后总是会博得满堂喝彩。后仰跳投，顾名思义就是向后起跳后再进行投篮。那么，后仰跳投的动作仅仅是技术难度高的炫技吗？当然不是，它的原理也可以用简单的数学知识来解释。

后仰跳投运用了抛物线的原理

跳投是篮球的基本技术之一，但是普通的垂直起跳投篮经常因遭遇对方球员的“盖帽”而失败。如下图所示，当球员在原地起跳后如果跳的高度没有超过对方防守球员时，很容易被盖帽。但是通过利用后仰跳投技巧，球员在起跳的同时身体向后倾斜，从而与对面的防守

队员拉开一定的距离，这样投出的篮球就可以越过对方队员的防守高度，从而完成投篮任务。

“后仰跳投”是球场上的得分利器

因此，后仰跳投是在被贴身逼防的情况下强行出手投篮的方法之一，历史上的篮球名将乔丹、科比都是后仰跳投的高手。练好了后仰跳投就多了一种“武器”，看一看现如今比赛中众多得分高手，他们之中，谁没用过这种“武器”呢？

以上这些例子都说明，在看似与数学毫无关联的体育运动中其实蕴含了许多数学知识的应用。通过数学对事物的本质进行分析，也会更容易发现问题、解决问题。除了在运动场上可以利用数学方法来提升运动表现外，生活中也可以更多运用我们学过的数学知识，有的时候会产生意想不到的效果。

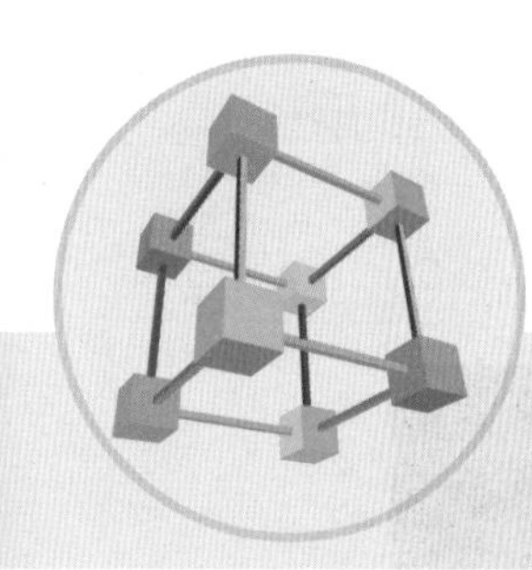

“数”说足球

撰文/刘　伟

学科知识：

体积　表面积　一元二次函数　平面直角坐标系　解析式

被誉为“世界第一运动”的足球是全球体育界极具影响力的单项体育运动。在各个年龄阶段都有为足球痴狂的人。足球不但好玩，而且还包含了很多有趣的数学知识，就让我们一起来探索其中的奥秘吧！

运动员与足球

“拼”足球

足球虽然叫作球，但其实它并不是一个规则的球体，如果我们仔细观察就可以发现，足球是由正五边形和正六边形拼接而成的多面体，其中正五边形有 12 个，通常为黑色；正六边形有 20 个，通常为白色。每个正五边形都与正六边形相邻；每两个相邻的正多边形有一条公共边；每个顶点处都有 3 个正多边形，而且都遵循一黑二白的规律，即正五边形的每一条边都与正六边形的边相邻，而每个正六边形都有 3 条边与正五边形的边相邻，另 3 条边与正六边形的边相邻。如果知道所有正五边形和正六边形共 32 个，却不知道正五边形和正六边形个数的情况下，我们怎样根据这些条件来得知它们的个数呢？其实我们可以用方程来求解这个问题。

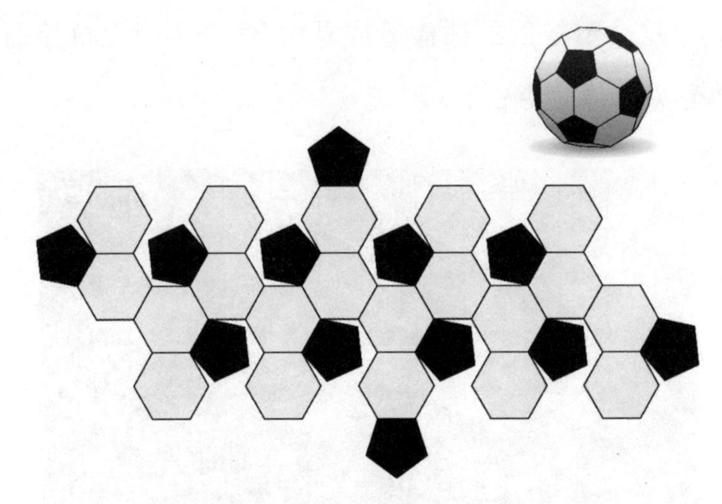

足球由正五边形和正六边形拼接而成

设正六边形有 x 个，则正五边形有（$32-x$）个，每个正六边形有 6 条边，共 $6x$ 条边，因每个正六边形有 3 条边和正五边形相邻，故正五边

形共有 $3x$ 条边，由题意列出方程 $3x=5(32-x)$，解得 $x=20$，则 $32-x=12$。这样就计算出一个足球表面有正六边形 20 个，有正五边形 12 个。

通过上面的分析我们发现，足球并不是一个严格意义上的球体，它的构成并不像表面看上去那么简单，而是包含了有趣的数学知识。

当足球内部充满气体时，如果内部气体体积的数值与它的表面积的数值相等，那么你能算出这个球的直径是多少吗？

由于足球是一个不规则的球体，我们无法利用球体的体积和表面积计算公式直接求解，那么，我们又该如何解决这个问题呢？现在，可以转变一下思维方式，在不求解足球的体积、白色和黑色正多边形的面积的情况下，直接用文字或字母表示，即设而不求，这种方法在解决数学问题时经常会起到事半功倍的效果。下面我们用这种方法来计算足球的直径。**因为足球表面是由 32 个小正多边形拼接而成的，所以可以将足球这个不规则的球体看成是由 32 个小棱锥拼接而成的，再借助棱锥体积来求解足球的直径。**

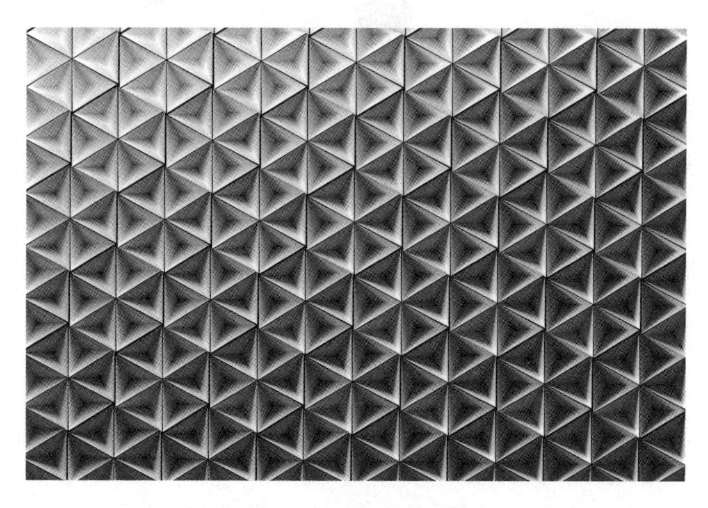

平面图形的棱锥状想象图

我们知道棱锥的体积为底面积 × 高 ÷3，那么足球的体积就是 32 个小棱锥的体积之和。应该注意的是，这里的高其实就是足球的半径。那么足球体积的计算公式就是：足球体积 = 足球表面积 × 半径 ÷3。而此时足球体积的数值又等于足球表面积的数值，代入上式得到：足球表面积 = 足球表面积 × 半径 ÷3，我们假设单位为英寸（1 英寸 =2.54 厘米），于是就可以得到足球的半径为 3 英寸，进而得到足球的直径为 6 英寸。

通过这个例子，我们可以发现“设而不求”在数学问题求解中的作用。因此，在遇到比较困难的问题时，如果正面求解较难的话，我们可以试着从其他角度来求解，巧妙地将问题进行转换。

不懂数学，竟然还想进球

在足球比赛中，当守门员远离球门时，进攻球员常常使用吊射战术（把球高高地挑过守门员的头顶，射入球门）。一般来说，吊射战术中足球的轨迹往往是一条抛物线。球技高超的球员，会选择合适的位置进行吊射，使球高高地越过守门员的头顶，但又不至于飞得过高而超过球门。下面我们通过一个例子来说明。

要想躲避守门员又不使球飞得过高需要运用数学知识

一位球员在离对方球门 30 米处起脚吊射，假如球飞行的路线是一条抛物线，在离球门 14 米时，足球达到最大高度为 $\frac{32}{3}$ 米。已知球门的高度为 2.44 米，那么球是否会进球门？如果守门员站在距离球门 2 米处，而他跳起后最多能摸到 2.75 米高处，那么他能否在空中截住这次吊射？

要想解决这个问题，需要用到一元二次函数的知识，因为一元二次函数的图像就是一条抛物线。**要想求出一元二次函数的解析式，则需要根据实际问题建立平面直角坐标系，从而使问题得到解决。**

足球在空中的运动轨迹为抛物线

首先，以球门底部作为坐标原点，建立坐标系。这样的话，足球的轨迹，也就是抛物线经过（30，0），且顶点为$\left(14,\ \frac{32}{3}\right)$，根据一元二次函数的知识可求得抛物线的解析式：$y=-\frac{1}{24}(x-14)^2+\frac{32}{3}$，此时将$x$=0代入函数解析式，可以得到$y=\frac{5}{2}>2.44$。可见，此时足球距离地面的高度已经超过了球门的高度，足球不会射入球门中。算到这里，大家可能就明白为何以球门底部作为坐标原点建立坐标系了，因为当x=0时，很容易算出结果。

当守门员站在距离球门2米处时，守门员跳起后最高能触达2.75米的高度。将x=2代入函数解析式，可得到$y=\frac{14}{3}>2.75$，可以看出，

足球距离地面的高度高于守门员跳起可触达的高度，因此守门员无法截住这次吊球。

由此可见，足球运动员若想取得较好的成绩，也不是只靠体育训练就能够达到的，他们需要对足球运动中蕴含的数学知识有所了解，做一个懂数学的足球运动员。

想进球也得懂数学

综上所述，足球和足球运动都蕴含了十分丰富的数学知识，看似靠运气的足球比赛，实则蕴含着一定的数学知识。看来，数学真的是无处不在，并时刻散发着智慧的魅力。

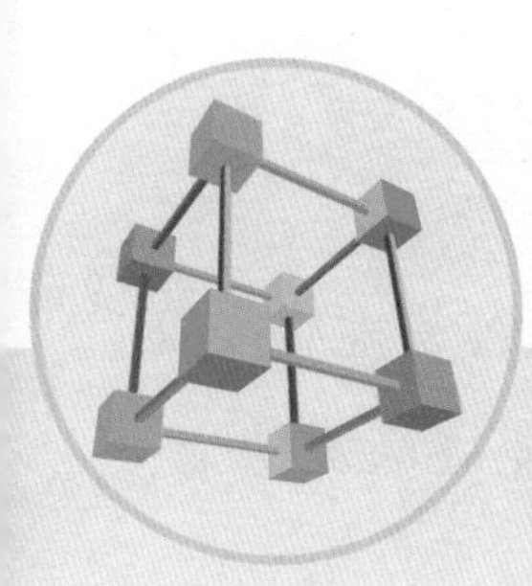

一年，究竟有多重要

撰文/李　鉴　　霍智慧

学科知识：

年　闰年　平年　圆　圆心　交点

时间是什么？它看不见、听不到也摸不着，却能被人们通过各种现象感知。《论语》里说："子在川上曰：'逝者如斯夫，不舍昼夜。'"孔子看见河水流过、一去不返，于是感慨时间的流逝，永不停留。这反映了宏观世界生活的人们对时间的最直观印象，也契合了牛顿力学中的时间观念：时间是独立于空间存在的，是线性、均匀流逝的。古人们通过对日、月、星辰的观测，于是有了直观的日、月、年的概念。又把时间、日期加以编排，编制出了历法。接下来，就让我们走近大家最熟悉的"年"。

时钟

一年究竟有多少天

意识到“年”这个周期的存在并不困难。人们能很容易地感受到气温从酷暑到严寒再到酷暑的周期过程，也能很容易地从草木枯荣、动物迁徙等周期性现象判断出年的大致长度。

但同一物候的出现间隔往往并不均匀，通过物候观测需要数百年甚至上千年才有可能把一年的天数精确到 365 和 366 之间。真正要想数清楚一年有多少天，必须要上升到理论的高度，得意识到“四季变换实际上是太阳的周期运动造成的”，并建立天体运行的模型，然后对太阳运动进行高精度的观测。

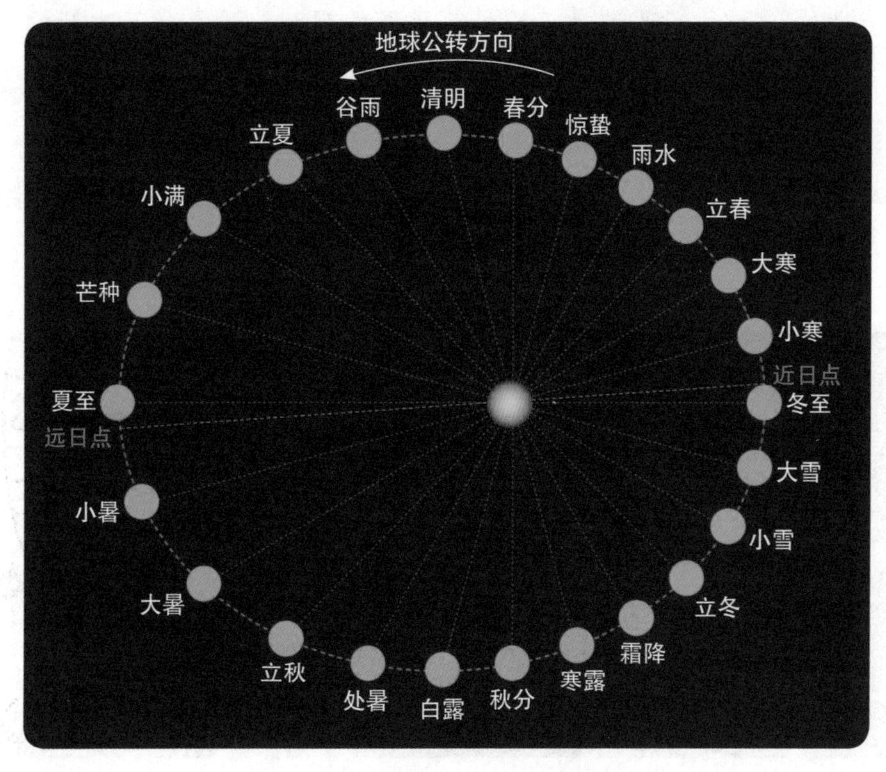

二十四节气示意图（绘图 / 张一洁）

最早认识“年”的，当属中国和古希腊。我们的祖先很可能早在黄帝时代就已经测得一年有 365 天了。在尧帝时期，人们已经能通过观测恒星来确定四季的变化，并形成了春分、夏至、秋分、冬至的概念。**后来，人们用圭表来测定正午时分杆子的影长，也就是“立竿测影”，大大提高了测量精度。影长最长的时刻为冬至，最短的时刻为夏至，从冬至到下一个冬至（或从春分到下一个春分，从夏至到下一个夏至）的时间间隔就是一年。现在称为“回归年”，意为一年之后太阳又回归到了原来的位置。**

到了战国时期，当时使用的各种历法已经把一年的长度定为 365.25 天，这种历法统称为古“四分历”（可以理解为四年之后能凑个整数）。此后人们不断改进测量的方法，提高测量精度。南宋天文学家杨忠辅测出年长为 365.2425 日，这个精度与今天使用的公历年长度非常接近（与现在的测定值仅差 26 秒），而早于公历近 400 年。明末的天文学家邢云路在兰州建立六丈高表，测得回归年为 365.24190 日，误差仅为一年 2.3 秒。

古希腊的历法中，一年的长度先后被定为 365.25 天和 365.263 天。公元前 2 世纪前后，天文学家喜帕恰斯测出了更精确的年长为 365.2467 天，但并未被采用。后来罗马人征服了希腊，到公元前 45 年时以 365.25 天为年长，制定了儒略历。儒略历一直沿用 1500 多年，到 1582 年改进为格里高利历，也就是通行到现在的公历。公历通过设置闰年，使历法的年长尽可能接近回归年。凡能被 4 整除的年份为闰年，但是世纪年（能被 100 整除的年份）还必须能被 400 整除才算闰年。如 1900、2000、2100 年中，只有 2000 年是闰年，1900 年和 2100 年都是平年。这样一来，每 400 年就有 97 个闰年。于是公历年的平均长度为

明清时期的皇家天文台——北京古观象台

（365×303+366×97）天 ÷400 = 365.2425 天，和杨忠辅测得的结果相同。

现在天文学家测得回归年的长度为 365.2422 天。可见，公历的平均年长和回归年的差别只有 0.0003 天 / 年，也就是说使用公历要经过 3300 年才有 1 天的误差，已经相当精确了。

“年”与“年”有别，千年始明确

历史上一些古代文明，例如古埃及和美索不达米亚，通过恒星“偕日升”来测量一年的长度，他们获得的其实是恒星年。偕日升是指恒星在日出之前从东方升起，出现在晨曦的微光里，就好像和太阳同步出现一样。古埃及人发现当天狼星偕日升之后不久，尼罗河就要发

大水了，于是把这一天定为一年的开始。大约在公元前 2500 年，古埃及人测出年长是 365 天，后来又改进为 365.25 天。限于当时的测量精度，人们并没有意识到回归年和恒星年的差别。

事实上，回归年是四季变化的周期，但并不是地球的公转周期。恒星年才是地球的公转周期，它比回归年长约 20 分 23 秒。

最早发现回归年和恒星年不同的是古希腊的天文学家喜帕恰斯。他正确地指出，这是由于春分点在黄道上逐渐向西退行的结果。东晋初年，中国天文学家虞喜也发现了这一现象。他把古代冬至日的太阳观测记录和测得数据做比较，发现它“每岁渐差”，冬至日时太阳在星空背景中的位置已经比两千多年前偏西了不少，大约每 50 年就西移 1°，岁差这一术语即由此而来。

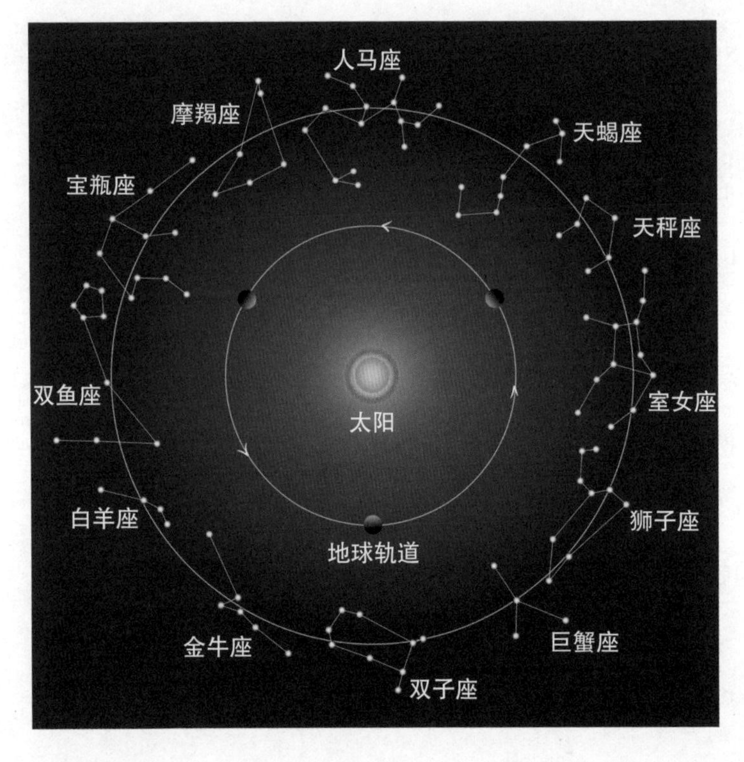

在地球上观测，太阳在星空背景中运行，依次经过各个黄道星座。当它从星空中的某个位置开始，再回到这个位置时，所经历的时间是一个恒星年。所以恒星年就是地球的公转周期

岁差大起底，地轴有进动

为什么会出现岁差？这是由于地球自转轴的运动导致的。由于地球在迅速地绕轴自转，赤道上的转速最大，使它的形状不是一个正球形，而是两极稍扁、赤道略鼓的近似椭球形，赤道半径要比两极半径大 21 千米左右。另外，地球的赤道面与地球公转的轨道面（黄道面）并不重合，存在着约 23.5° 的夹角，叫作黄赤交角。太阳、月亮等天体都在黄道附近运行，它们对地球产生的引力，就有把地球隆起的赤道部分拽向黄道面（从而改变黄赤交角的大小）的趋势。但由于地球在快速自转，它们的努力并没有“得逞”。最终的结果就是“互相妥协”，让黄赤交角还是基本稳定在 23.5° 不变，但是地球自转轴的指向却在空间中缓慢地改变着方向。

在地球和太阳之外的遥远空间，恒星之间的相对位置变化极小，它们就好像镶嵌在天上一样，各个星座、星群组成了一个看似固定不变的“天球”，地球在里面绕轴自转。今天的天球和几千几万年前基本没什么区别，而且黄极的位置在天球上也几乎是固定的，一直都在天龙座的某一点上。但地轴正在绕着黄极画出一个圆锥形的轨迹，绕完一圈需要约 25800 年。这个圆锥形的底面和天球相交形成的是一个半径为 23.5° 的圆，圆心位于黄极。

同时，地轴指向的改变使得天赤道沿着黄道转圈。这两个圆的交点，也就是春分点和秋分点也随之变化，每年沿着黄道向西移动 50″ 左右。一个恒星年中，地球绕着太阳转了 360°，而一个回归年中，地球围着太阳转了 359°59′10″。所以回归年就比恒星年短了约 20 分钟。

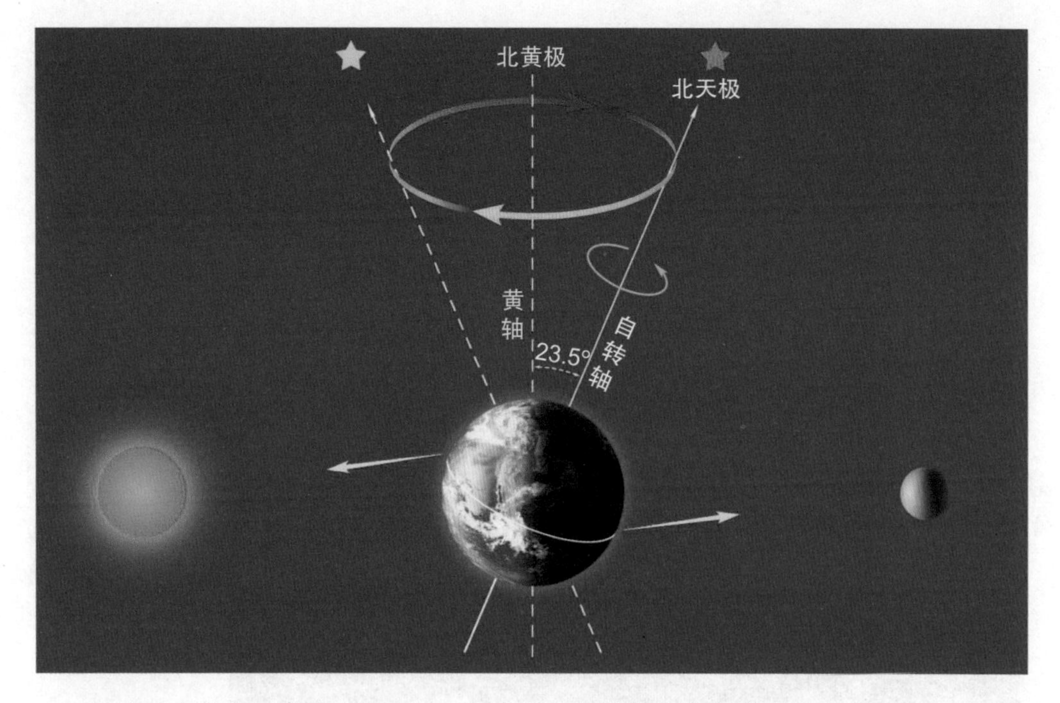

地球既在自转又在绕太阳公转，同时它的自转轴也在绕着垂直于公转平面的轴线（图中的黄轴）转动，就像一个摇摆着的陀螺（图中太阳、地球、月亮的大小未按实际比例）（绘图 / 徐刚）

北极轮流坐，星空也亦然

岁差现象对天文学有着多方面的影响，除了导致回归年和恒星年的长度不同以外，最显著的影响包括恒星坐标的变化以及北极星的改变。

中国古代独特的星象体系，在几千年的流传和演变中记录了北极星的变动。按照中国的星官体系，顺着北天极行移的路径寻找，我们可以发现一串“霸气”的星名，它们都曾经是不同时代的“北极星”。例如，紫微右垣的右枢星旁有两颗暗星，一颗叫作“天乙”，也称“天一”；另一颗为“太乙”，也叫“太一”。它们在殷商时代被奉为北极星。

后来“帝”星接替成为北极星，一直延续到周代。而现在的北极星则是勾陈二（即小熊座 α 星）。据预测，大约 12000 年以后，织女星离北天极只有约 5°，将成为那时的北极星。到那时，全天第二颗亮星——老人星将距离南天极只有 10°，而全天最亮的恒星——天狼星将距离南天极只有 25°。这一变化意味着在长江流域以北，它们将成为终年无法观测到的天体。

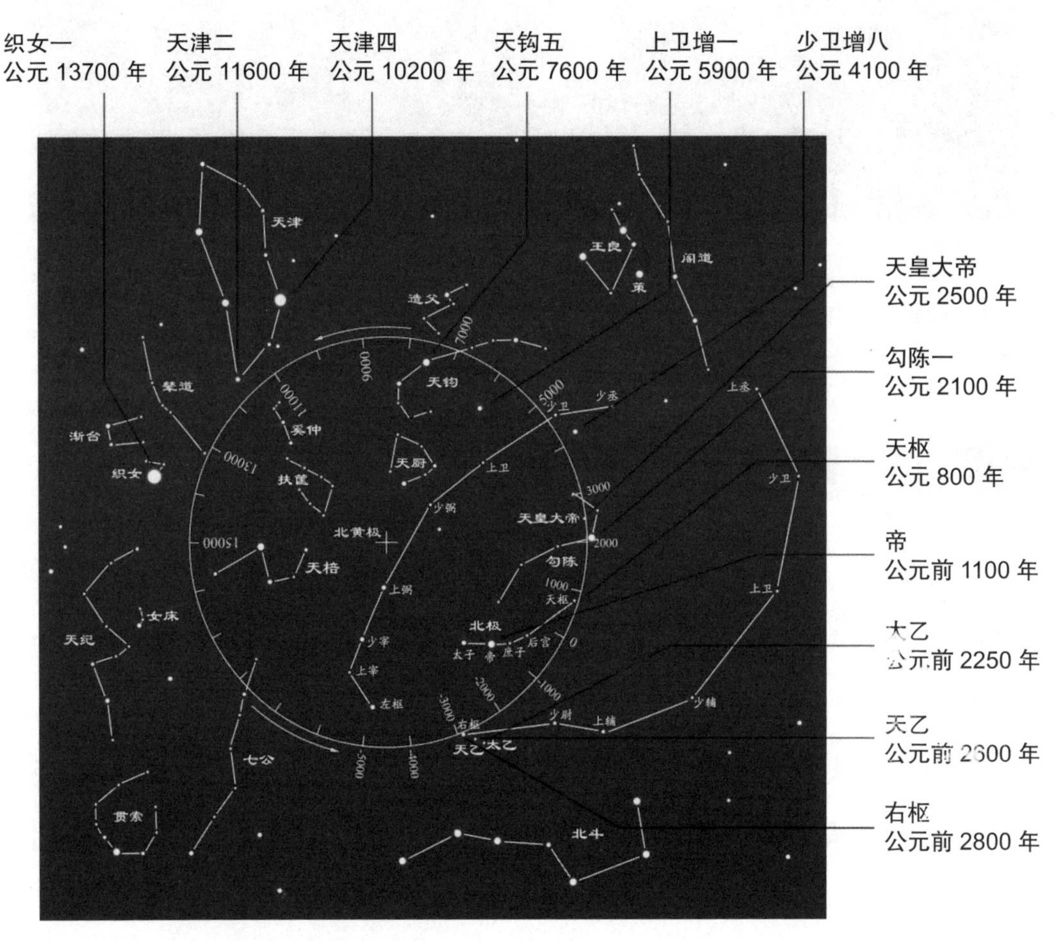

过去和未来的“北极星”，以及它最接近北天极的年代（绘制 / 徐刚）

岁差会使四季星空发生“交替”。例如，13000 年以后，地轴方向改变 47°，那时的四季星空将正好和现在相反，猎户座出现在夏季，狮子座出现在秋季，而天蝎座、飞马座等星座将成为冬季和春季标志性的星座。

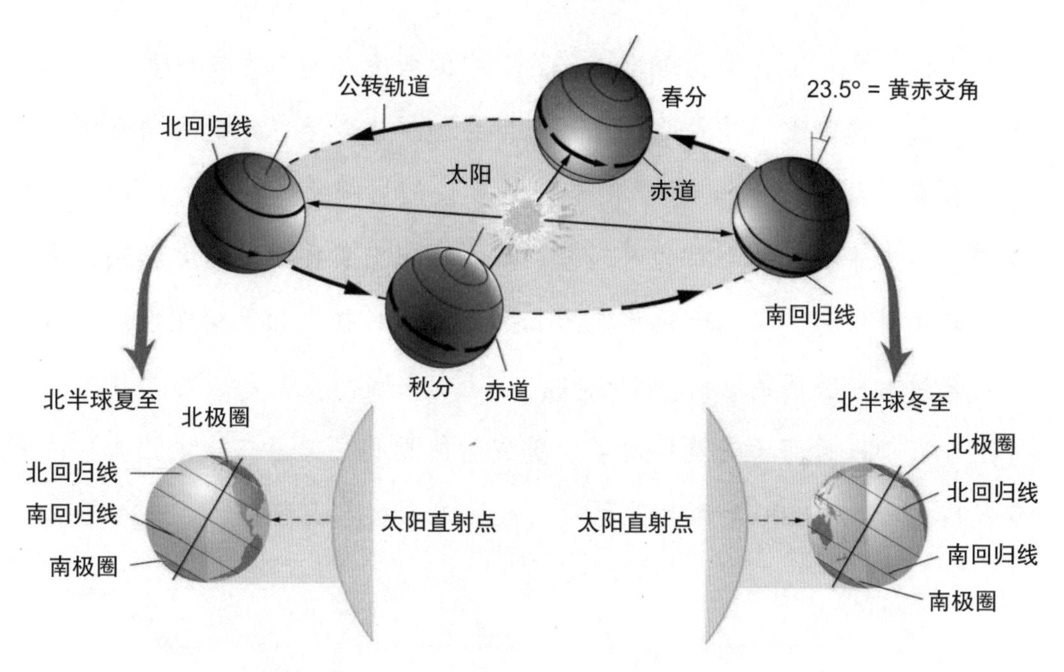

黄赤交角的存在使得地球有了四季变化，并让人们可以通过测试太阳高度角的变化来衡量这个变化的周期——即一个回归年

知识链接

农历二月二为何叫作“龙抬头”

对比古书记载可以发现，几千年来，同一天体的升落时间，也已古今有别。例如，许多书上引用《鹖冠子·环流》:“斗柄东指，天下皆春。

斗柄南指，天下皆夏。斗柄西指，天下皆秋。斗柄北指，天下皆冬。”意思是傍晚时分向北观察北斗七星，当斗柄指向东方时，此时的季节是春天……实际上《鹖冠子》成书于战国时期，描述的是两千多年前傍晚时的天象。由于岁差的影响，如今要想看到类似现象，需要等到晚上9~11点而不是傍晚时分了。还有俗谚“二月二，龙抬头”，指东方苍龙七宿（角、亢、氐、房、心、尾、箕）中的角宿在冬春之交的黄昏从地平线升起，这时整个苍龙的身子还隐没在地平线以下，只是龙角上的角宿一初露，故称“龙抬头”。但是因为岁差的影响，龙抬头的时间，古今所见已有了将近一个月的时间差。现在要想在黄昏时看到龙抬头，需要等到4月中旬左右，大致为农历二月底到三月初。如果想在农历二月二（大致对应公历的2月下旬到3月中上旬）看到龙抬头，则需要等到晚上9点钟以后而不是黄昏时了。黄昏时能见到“二月二，龙抬头”的年代应为公元前500年至公元元年，大致为春秋末年到西汉时期。

无论是时间还是空间，它们都不能脱离彼此而独立存在，广义相对论进一步指出物质的存在会使得它附近的四维时空发生弯曲。这些理论给出了时间的变化特性，但并没有解释它的起点与终点。直到现在，人们对时间的本质，仍在不断探索中。

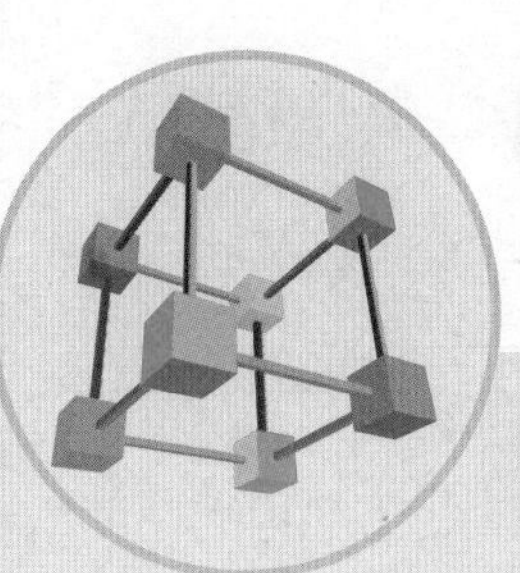

秒懂，什么是秒

撰文/李　鉴

学科知识：

月　日　时　分　秒

我国古代的经典著作《周易》里有一句名言："百姓日用而不知"。在天文学领域，很多知识也是如此，我们是如此习以为常，甚至完全忘了它们与天文现象的渊源。其中最典型的就是时间。昼夜交替、月相变化、四季更迭，这些自然现象为先民们提供了三个基本的时间单位——日、月、年。逐渐地，各个古代文明都不约而同地确定了年、月、日的计量方法，并各自制定了历法。更进一步地，人类将"日"再细分为时、分、秒，这在时间计量史上迈出了重大一步。而这一步，人类走了足足3000多年。我们的故事就从这里讲起。

从日到秒

公元前1500年以前，古埃及人就发明了用来计时的日晷，他们将日出和日落之间的时间分成12段。夜间，他们通过天文观测来确定时间：用36个恒星或星群，将天球划分成基本均匀的36段，通过观察其中18星的次第升起就可以知道夜晚的时刻。在这18星中，晨光和昏光时段各有3星不易观测，另外12星则完全用于黑夜的计时。这相当于把夜晚的时间也划分成了12段。另外，古埃及人也发明了“水钟”以在夜间计时，类似我国古代的漏刻，水钟上的刻度就是12等分的。到了古埃及“新王国”时期，观星计时系统简化成了24星，其中12星用于夜晚计时。从那时起，把白天和黑夜各分为12段、一天共计24段的传统就形成了。

不过，由于昼夜的长度随着季节的变化而发生变化，白天和夜晚

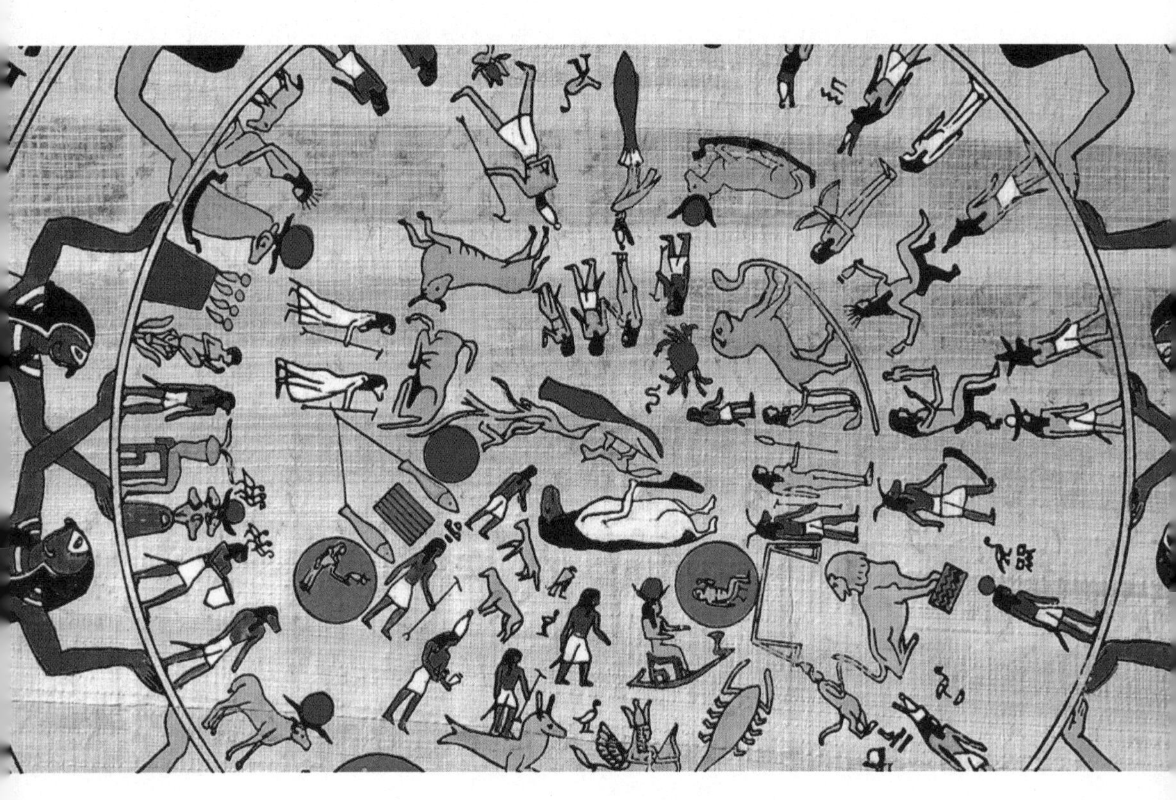

古埃及新王国时期哈索尔神庙天花板上的天文图案（复制图局部）

这两个12段的长度既不固定也不相等，也同样随季节的变化而变化着。后来，古希腊天文学家喜帕恰斯提出，可以按照春分日（昼夜等长）的昼夜时段将这两个12段固定下来，这样可以将一天均分为24段。但在接下来的很长一段时间里，人们还是习惯于按照昼夜并不等长的时间进行划分。那时，利用圭表、日晷、漏刻、沙漏等制成的计时工具，其精度通常也只有几十分钟，这样的时间划分并未影响人们的日常生活。

故宫里多处大殿前面都有日晷，图中是太和殿前的日晷，十二时辰各分成初、正两部分，这种划分方式起源于宋朝

在中国古代的殷商时期，人们将日出到日落的白天分为7个时段，夜晚则分为5个时段，后来将夜晚分成5个更次可能就发端于此。西周（早于喜帕恰斯几百年）时期，中国已经建立了均匀的十二时辰划分法，以午夜作为子时的正中，和今天的24小时正好对应。宋代以后，又将每个时辰平分为初、正两部分，这就相当于24时制了。后来，中华民国采用公历纪年和西方的24时制，每个时段大约是传统十二时辰中每个时辰的一半，因

而称之为“小时”。另外，我国在秦汉时期就已发明了相当精确的漏刻，并把一天分成 100 刻，即百刻制。十二时辰、百刻制和五更制已成为我国传统文化的重要组成部分。特别值得一提的是，我国宋代天文学家苏颂等人于公元 1088 年发明的水运仪象台，其精准度非常高，每天的计时误差仅为 100 秒左右，比欧洲同样精度的钟早了约 400 年。

水运仪象台是一座大型的天文钟，由北宋时期苏颂、韩公廉等人发明制造的大型自动化天文仪器，以漏刻水力驱动，集天文观测、天文演示和报时系统为一体。它标志着中国古代天文仪器制造史上的高峰，被誉为世界上最早的天文钟。图为中国科学院国家天文台按照 1 : 3 复原的水运仪象台模型，可以实际运行（图片提供：国家天文台霍志英）

直到机械钟在欧洲出现之后，小时的长度才固定下来，形成了均分的 24 小时制。大约在公元 1345 年，人们开始将 1 小时划分为 60 分钟，1 分钟划分为 60 秒，1 秒的长度即为 $\frac{1}{86400}$ 天。这就是“秒”的由来。不过，当时的计时工具还远远达不到秒的精度。

大约在公元 16 世纪，钟面上首次出现了分针，计时精度开始达到分钟的量级。1657 年，荷兰科学家克里斯蒂安·惠更斯利用单摆的“等时性”制成第一台摆钟，每天的计时误差降到了 10 秒左右。1759 年，英国钟表匠约翰·哈里森造出精密的航海钟，每天走时误差不超过 1 秒，钟面上才第一次出现了秒针。在发明日晷 3000 多年、秒的概念提出 400 多年之后，人们终于可以计量秒的长度了。

1783 年瑞士制造的铜镀金转花自鸣过枝雀笼钟，钟面上已经出现了秒针（故宫钟表馆藏品）

19 世纪末法国制造的铜镀金珐琅围屏式钟（故宫钟表馆藏品）

知识链接

十二时辰，60进制与度、分、秒

现在人们最广泛使用的数字系统是十进制，这可能和人们习惯用10根手指计数有关。除了10，还有12和60也是沿袭至今的重要进位基数。例如十二时辰、1度等于60分等。12这个数字可能来自于一年所包含的月数（12个月）。另外，人的手指（除大拇指外）的指节一共是12个；而且12这个数字本身可以被2、3、4整除，使用起来也很便利。例如，将圆周12等分就要比10等分容易得多。这些可能也都是原因之一。

根据现存的古巴比伦泥板“文字”（较早的写于公元前1700多年）可以看出，生活在两河流域的古巴比伦人采用60进制进行数学和天文计算。尽管到了古希腊时期，计算已不再使用60进制，但一部分巴比伦传统保留了下来。例如，把一个圆周分为360度（$360 = 3\times4\times5\times6$）等，这样可以很方便地进行3、4、12、60等分。后来，天文学家托勒密在《天文学大成》一书中将360度细分为了更小的单位。1度被分为60份，每份简称为“分”。1“分”又划分成60个更小的部分，记作“秒”。这就是度、分、秒的由来。到了14世纪，分和秒的概念又被借用到了时间的划分中，并传承至今，成为我们熟知的时间单位。

一秒究竟有多长

工业革命之后，由于生产力的快速发展，无论是商业开发、社交活动还是收发电报等，人们对计时的要求都越来越高，精确度开始超

越秒级。与此同时，随着精确计时工具的发明，天文学家发现，基于天文观测定义的秒长竟然并不均匀。

其中的主要原因在于地球运动的复杂性。从开普勒时代开始，人们就已经知道地球的公转轨道是个椭圆，公转速度并不均匀。1927 年，美国科学家沃伦·马里森利用压电效应原理发明了每天误差仅在 0.1 毫秒以内的电子式石英钟。**在石英钟的帮助下，人们发现地球的自转速率也并不均匀，时快时慢，导致一年当中日长的变化幅度可以达到 0.002 秒**。这一发现动摇了以地球自转周期为基础的时间标准的地位。另外，由于日、地、月相互吸引以及潮汐摩擦等因素，也使得地球自转有长期变慢的趋势。**平均而言，日长每 100 年约增加 1.6 毫秒**。这些效应导致一天的长度时长时短，从而用“天”来定义的秒长也不固定。尽管它的变化幅度不过千万分之一，但随着航天、军事等活动的开展，如此定义的秒长已经无法满足实际需求了。从 1759 年出现秒针到 20 世纪中叶航天时代开启，短短 200 年的时间，人们对计时精度的要求就有了质的飞跃，可见文明和科技发展之迅猛。

这时物理学家帮了忙，他们发现原子在跃迁时发射或吸收的电磁波频率是高度确定的，据此设计出的原子钟可以走得极为均匀。在 1967 年 10 月，第 13 届国际计量大会（CGPM）上通过了“原子时”秒长的定义：“位于海平面上的铯原子（^{133}Cs）基态的两个超精细能级间在零磁场中跃迁辐射振荡 9192631770 周所持续的时间为一个原子时秒。”它取代了由日长定义的秒长，解决了天文时间的不均匀问题，是一个革命性的创举。

“原子时”秒长的定义是时间标准计量学史上一次重大变革的开

端。当然，为了人们日常生活的方便，人们希望原子时的秒长等于（或者说尽可能接近）天文秒长的平均值。在定义原子时的时候，规定 1958 年 1 月 1 日世界时零时的瞬间作为原子时的起点。即在那一瞬间原子时和天文时间（也就是日常使用的世界时）完全相等，此后便由原子钟独立运行，给出原子时。事实上由于技术限制，当时的原子时并未能调整到同世界时完全一致，后来发现原子时比世界时快了 0.0039 秒。现在，这个差值只能作为历史事实保留下来。

原子时是目前为止最均匀的计时系统。现在世界上最精准的原子钟——锶原子光晶格钟，其稳定度已达 10^{-18} 的量级，相当于 160 亿年不差 1 秒！在未来技术发展中，新一代原子钟更有希望将精度再提高几个数量级。目前世界各国都采用原子钟来产生和保持标准时间，这就是“时间基准”，然后通过各种手段和媒介将时间信号送达给用户，包括短波、长波、电话网、互联网、卫星等。这一整个工序，被称为“授时系统”。

不过我们在日常生活中还是离不开天文时间（也就是世界时），例如在导航定位、天文大地测量和深空探测等领域，仍需要知道任一瞬间——即世界时时刻——地球自转轴在空间的角位置。这样就需要保持原子时的年、月、日与天文时间的一致，每当它与天文时间的偏差的预测值超过 ±0.9 秒时，就将它人为地增加或减去一秒，称为“跳秒”。截至 2022 年实施了 20 多次跳秒，每次都是给原子时增加 1 秒，也叫作“闰秒”。包含跳秒的这个时间系统，就是协调世界时。**协调世界时在宏观上是天文时，在微观上是原子时**。也就是说，我们钟表里的秒针以原子时的频率跳动，却必须时刻不离天文时左右。这样协调

的意义在于，两种时间的差距始终不会超过 1 秒，可以使人们的作息与自然节律步调一致。

协调世界时较好地解决了时间的不均匀性问题，但是在计算机时代，有的程序会因为无法处理闰秒而带来一些麻烦。近年来，关于是否废除跳秒机制引发了许多争论，这又是另外一个话题了。总之，从天文时到原子时到协调世界时，人们在计时、授时上取得了辉煌的成就，但关于时间的问题还远没有解决，探索仍在继续。

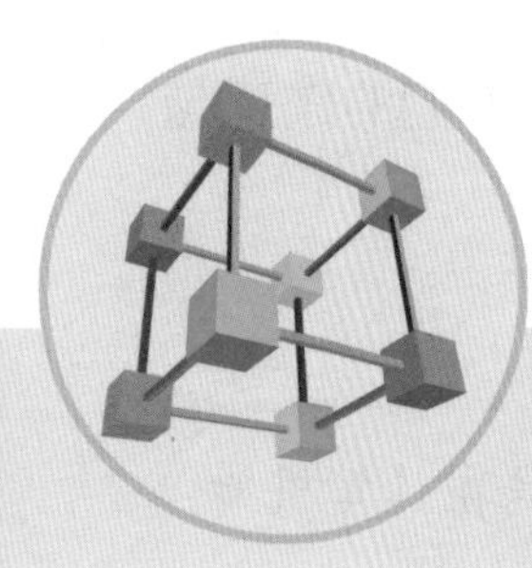

跟着数学看世界

撰文 / 王治钧

学科知识：

等比数列　几何倍增　测量　微积分

为什么在计算机如此普及的年代，我们依然要学习数学？不可以把数字“丢给”计算机来处理吗？答案是，不可以。因为数学不仅仅是处理数字这么简单，它可以教我们如何以新的方式看问题，结合洞察力和想象力来解决问题。接下来，一起来领略这专属于数学世界的奇妙吧！

不可思议的“倍增”

生活中有很多看似普通但是实际上会让我们大吃一惊的结论。比如美国女生布兰妮曾在当地超市找到一卷长约 1.2 千米而且比较薄的卫生纸，在父母的帮助下花了 7 个多小时，完成了“把一张纸折叠 12 次”的有趣项目，而这竟成为当时一项新的吉尼斯世界纪录。

如果将一张足够大的 A4 白纸持续对折，那么在 40 多次对折后的

厚度就相当于地球到月球的距离，50 次对折之后的厚度就能达到一亿千米——这大约是太阳和地球之间距离的 $\frac{2}{3}$。这是不是超出你的想象了？

同样，国王用象棋盘奖赏大臣麦粒的故事也是类似的道理：在象棋盘上放置麦粒，第 1 个棋格放 1 粒，此后每一棋格放置的麦粒数是前一棋格的 2 倍，国王答应送大臣放满棋盘上所有棋格的麦粒。这是一个等比数列的求和问题。当国王知道实情后很快就后悔了，因为这样下去全国的粮食都不够送。这个问题经常被用来说明指数增长的速度会远超大家想象。这就是数学“几何倍增”的威力。在很多情况下，我们的第一直觉可能会出现错误，但是数学计算能帮助我们认清事实。

根据上面的故事在棋盘上放米粒，米粒的数量将是“天文数字”

在探索世界的过程中，数学多次颠覆人类的世界观。比如，两千多年前的古希腊时代，人们只探索了世界的很小一部分，而地球看上去是无边无际无限大的，当时的数学家埃拉托色尼利用两地正午杆子阴影长度变化，测算了地球的周长，而这个数值和现在科技手段测得的数据相比，误差只有惊人的 2%。由此我们能看出，数学能帮助我们测量看似不可测的地球，探索我们所无法触及的领域。

数学和计算机科学家罗杰·安东森在 TED 的演讲提到，**数学并不是“加减乘除几何代数等”枯燥公式的学科，它是我们在观察物质世界时对其中蕴含的模式、关系和逻辑的感知。**

宇宙中编织的数学现实

隐藏的数学规律渗透在整个物质世界中，有些我们的感官能捕捉，但更多需要通过数学这个放大镜才能观察到它神奇的美感。通过寻找

从参天大树的枝丫上可以找到三角洲支流的“影子”

某种联系、结构、规律或者规则来探索超出你理解能力之外的领域，感受数学的魅力。

数学“分形之父”本华·曼德博在 TED 演讲时提出，为更好地描述、解释真实的大自然，我们需要引入“分形几何”的概念（也称碎形、残形），它指的是一种粗糙或零碎的几何形状，可以分成数个部分，且每一部分都是整体缩小后的形状，具有自相似的性质。

多肉植物也是有趣的“数学专家”

雪花和冰晶也是常见的分形图形

伽利略认为自然之法是数学语言写就的。在伽利略时代，三角形、圆形和其他几何形状是基本几何元素，在描述自然现象时极为关键。引入分形几何有助于我们了解大自然的复杂性。

如果你的眼光实在不够犀利，依然没有找到大自然中明显的分形图，不妨对照下自己的身体。人体其实也是分形的杰作：比如大脑的表面皱纹、肝胆和小肠的结构、泌尿系统、神经元的分布、双螺旋的DNA结构甚至蛋白质的分子链等，都有明显的分形特征（具有自相似性以及无穷多的层次）。

北美洲哥伦比亚河冲击出的三角洲地表形貌就像一种美丽的分形几何图形

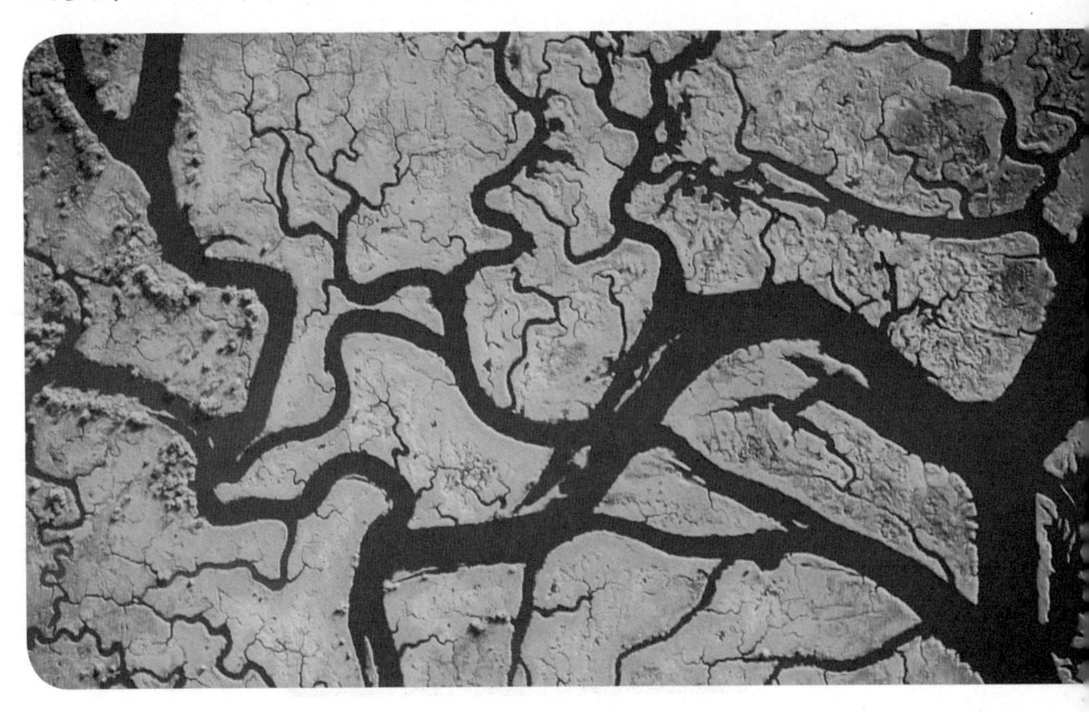

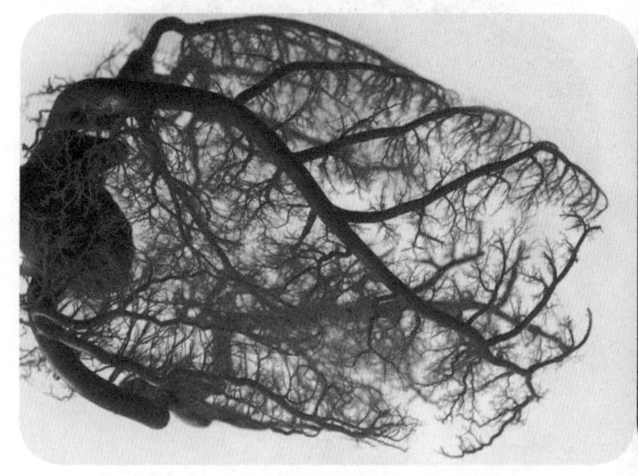

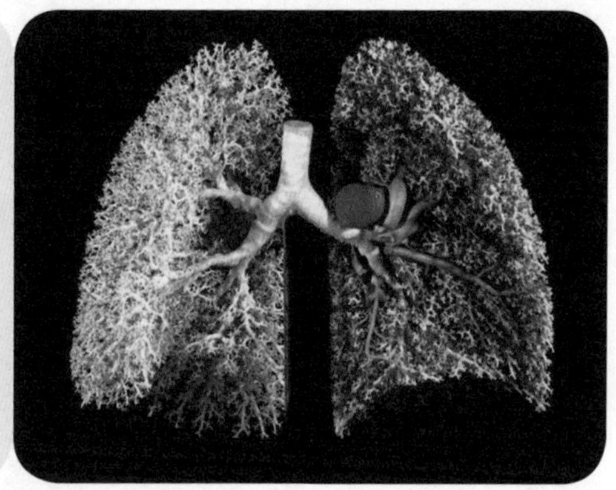

人类的心血管（左）和肺部（右）的分叉可以看成一种分形结构

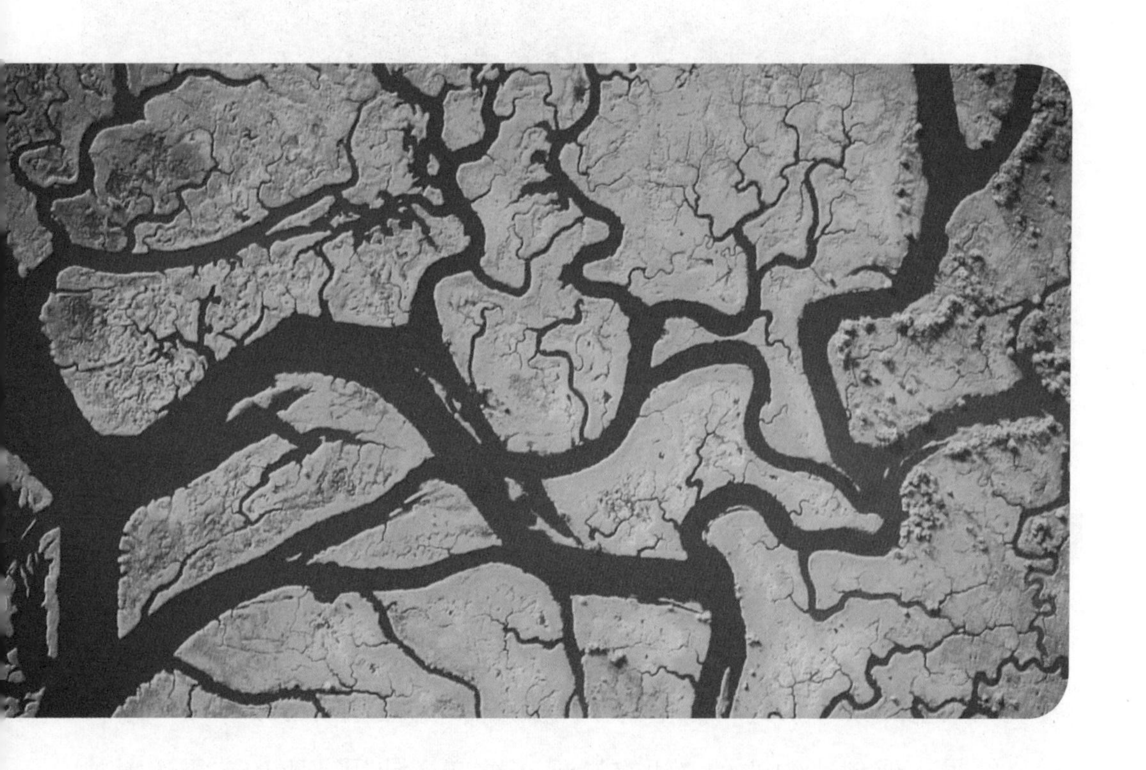

自然界中的分形几何不仅展示了数学之美，使自然景物的描绘得以实现，也揭示了世界的本质，还改变了人们理解自然奥秘的方式。

一片树叶也有分形几何的身影

我们可以在一闪而过的雷电中捕捉到几何形状的元素

特殊的“语言表达”

如果没有现成的语言，还可以用数学创造一种特殊语言来描述各种模式。德国数学家戈特弗里德·威廉·莱布尼茨在 1675 年发明了微积分符号，他创造的这种“语言”现在被广泛使用，比如在描述抛物

线的场景时，就可以用微积分把这个模式表达出来，并在真实世界里应用于对炮弹轨道的预测。

另外一个关于数学语言表达的例子是盲文数学代码，常见的是使用标准的六点盲文单元格来编码，帮助视力障碍者能够进行触觉阅读，了解这个世界。

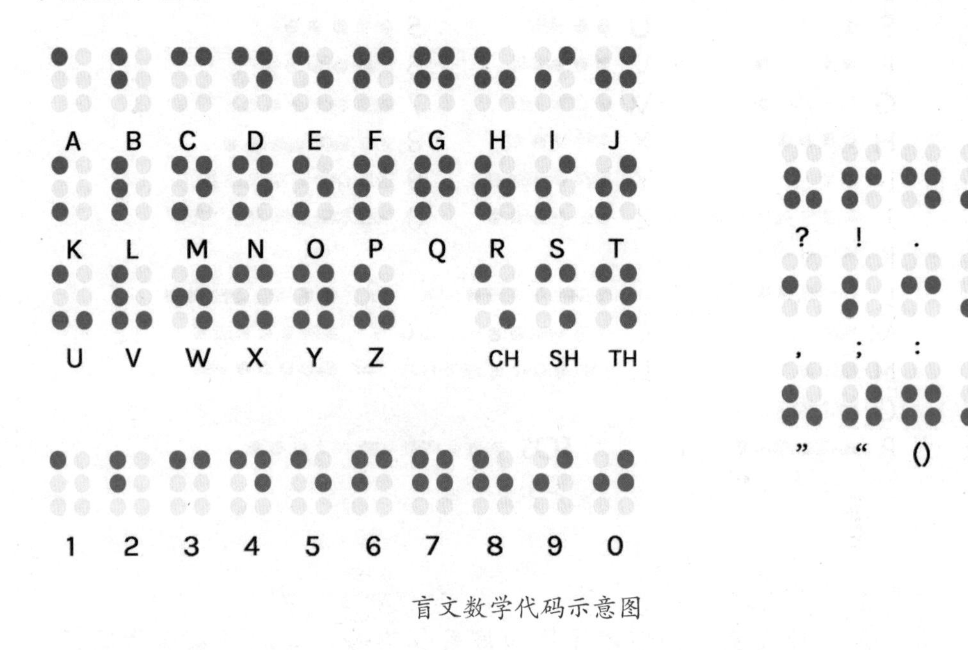

盲文数学代码示意图

数学表达不仅仅是可以看的，可以触摸的，也可以用来听，比如我们经常在一些谍战影片里看到特工会用摩尔斯电码发信号。摩尔斯电码是一种时通时断的信号代码，通过不同的排列顺序来表达不同的英文字母、数字和标点符号。

随着现代通信工具的发展，摩尔斯电码虽然不再是主流通信方式，但在业余无线爱好者中仍然流行。它曾经在百年前发挥过巨大的通信沟通作用。在日常生活中，我们也能看到蕴含大量信息的数学表达载体，比如条形码、二维码等。我们能看到的只是不同的线条或条块，

它们按照一定的编码规则排列，用以表达一组信息的图形标识符等，包含个人、商品类别、交易、日期等大量信息。

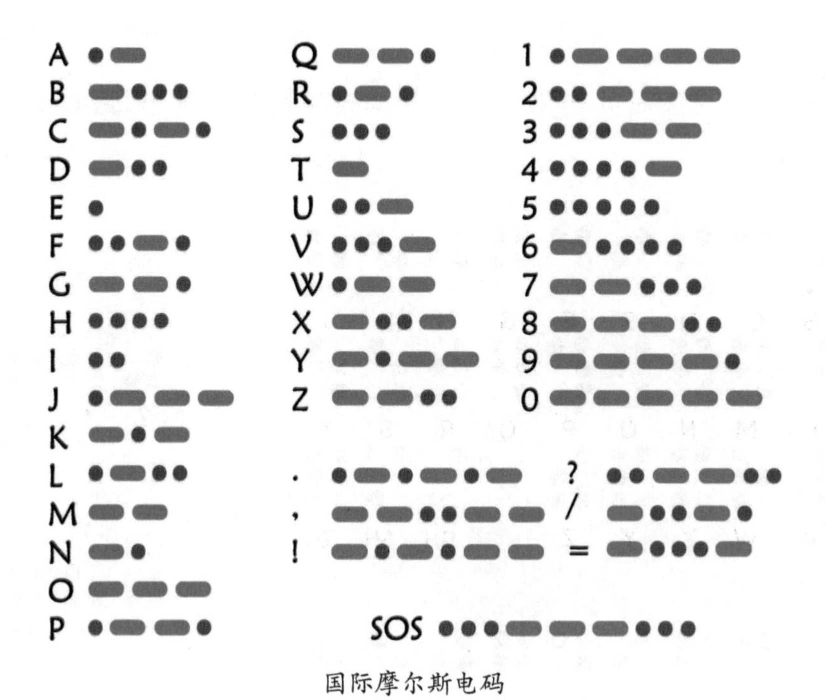

国际摩尔斯电码

数学是一种训练人们使用不同角度解释事物的学科。随着数字领域的飞速发展，越来越多的问题需要用数学分析来解决，它在诸多领域都能发挥巨大作用，所以学好数学至关重要。

PART 04

数学研究中的奇妙探索

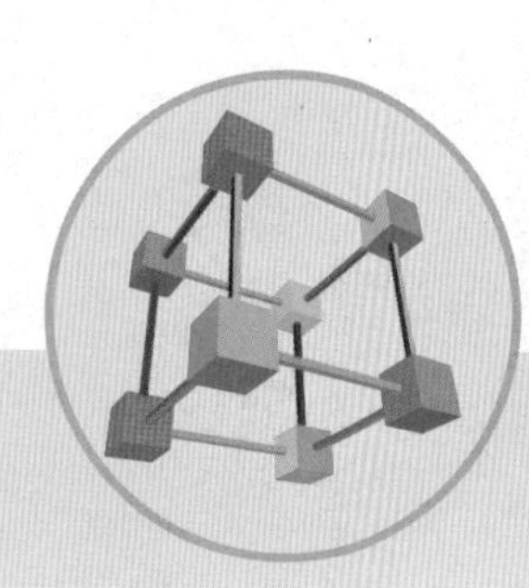

我们能否计算“幸运”——身边的概率思想

撰文/王耀杨

学科知识：

概率　抽样调查　数学模型　距离

随着科学的发展，数学在生活中的应用越来越广泛。作为数学的一个重要分支，概率也同样发挥着越来越广泛的用处。在九年级数学中，我们会学习到与概率相关的简单知识。其实在更早以前，当我们猜拳、掷骰子，或参与抽样调查、购买彩票时，都是在和概率打交道。计算概率也许不需要我们掌握多难的算式，但却需要我们开动脑筋，根据条件建立起数学模型。下面就让我们从几个身边的案例入手，探索概率的神奇吧！

幸运可以计算吗

福尔摩斯破案的概率有多大

对于喜爱推理文学作品的人来说，阿瑟·柯南·道尔无疑是令人耳熟能详的名字。他笔下的神探福尔摩斯，面对初次见面的人，就能从体态、服饰等细微之处看出对方的很多经历。

现实世界中是否真的存在这样神奇的大侦探呢？书中的描写是否只是作家的夸张呢？我们试着用数学的思想来分析一下福尔摩斯的神奇能力，或者更具体地讲，用概率的思想来分析。

首先，福尔摩斯的推理确实是有道理的，比如通过观察人的手掌来推测他以前做过什么工作，这是符合经验的。但是细想一下，这样的推理并不像我们熟悉的数学推理那样，是“必然成立”的。也就是说，通过观察手掌得出的结论不一定正确。像福尔摩斯这样经验丰富的高手，说不定能够有 90% 的正确率，或者说，他推测正确的概率能达到 0.9。要是换一个人，说不定正确的概率也就只有 0.8，甚至更低。

但是，就算福尔摩斯的推测成功概率很高，要做到像书中描述的那样神奇，还是很难的。我们不妨虚拟一个案子，通过计算来说明这一点。假设有一个案件一共涉及 6 个线索，福尔摩斯通过观察现象找到一个正确线索的概率是 0.9，那么他找到全部正确线索，从而对案情做出正确分析的概率是多少呢？如果假设这些线索是彼此互不干扰的，那么得到全部 6 个正确线索的概率是 6 个 0.9 的乘积，也就是 $0.9^6 = 0.9\times0.9\times0.9\times0.9\times0.9\times0.9 \approx 0.53$，就只比 0.5 大一点点。如果换一个略逊于福尔摩斯的侦探，他每次得到正确线索的概率只有 0.8，那么他成功破案的概率就只有 $0.8^6 = 0.8\times0.8\times0.8\times0.8\times0.8\times0.8 \approx 0.26$，

破案的成功率大幅下降。而若每次得到正确线索的概率是 0.7，那成功破案的概率不到可怜的 0.12。

当然，**前面我们说的概率 0.9，是指“凭借经验一下子做出判断”得到正确结果的概率。而在真正的断案过程中，需要刑侦人员付出大量的时间和精力去反复查证核实每一条线索。那么，当他们推断出有效线索时，正确率可以无限接近于 100%**。因此，不管经过多少次连乘，最终的结论仍然可以是高度可信的。

正确联系所有线索才能找到案件的真相

阅读题中，你能否猜中作者的心

讲到这里，相信又会有爱动脑筋的读者要问了：在阅读理解题中，经常要求我们根据文章词句推测作者表达的思想感情，这是不是也很不可靠？相信大家都听过一个笑话：如果任由一个读者展开想象，对作品进行解读，那么他很可能得出连作者自己都想不到的结论来。

不过，下面我要说的可能会让你感到吃惊：恰恰相反，我们平时所学的分析课文的方法，在概率的角度上看，其实是非常可靠的。利用正确的方法，我们能够以极大的概率得到正确结论。什么，你不信？那我们还是举例来算一算。

首先，我们假设自己做出推测的依据是找到某些词句。比如，当我们看到"手舞足蹈"时感觉作者似乎是要表达某个人很高兴，而"衣衫褴褛"这样的形容多半是想说某个人很贫穷，进而引发同情。当然，实际的推测过程往往更复杂，毕竟我们的汉语表达方式很多元，而作家们驾驭语言的水平又是无比高超的。

现在，作为一个文学鉴赏领域的新手，我们假设自己做出这样一个推测的正确率只有70%，然后把自己代入课堂中。在课堂上，语文老师需要你找出说明主人公很高兴的证据。短暂的准备之后，你一共找到了3个。那么，是否能据此说明你成功地推测出"主人公非常高兴"呢？答案是能！

为什么？我们假设你找到的第一个证据是错误的，前面我们说过，做出一次正确推测的概率是0.7，那么错误推测的概率就是$1-0.7=0.3$。

那么，假设你找到的3个证据全都错误，这件事的概率有多大呢？与前面侦探寻找破案线索的例子类似，我们假设这些证据彼此没有联

系，那么它们全错的概率就是 0.027。也就是说，仅有 2.7% 的可能是作者完全没有要表达“主人公很高兴”的意思。反过来说，作者“并非没有这个意思”的概率高达 97.3%。这个说法虽然看起来有点怪异，但是它符合文学评议的结论模式：我们不是要断言哪个说法一定对，哪个说法一定错，而是分析哪个说法有道理，让人可以接受。

通过文章中的语句来推测作者想传达的内容

“我为什么总是赶不上公交车”

看到这里，可能有读者会感到奇怪：不是要讲数学里面的概率思想吗？为什么一直到现在，说的都是些文学的事情呢？其实，数学里面所说的“思想”可以理解成一种视角，我们能够从这个角度出发，去审视现实生活中遇到的各种事情，并不一定要局限于某些特殊的问题类型。

想必大家都有乘坐公交车的经验吧？不知道你们有没有这种感觉，

等公交车时经常会遇到两件令人无比郁闷的事情：一是“每次我到车站时总是刚好没有赶上”，二是“我要乘坐的车总是迟迟不来，不要坐的车却是来了又来”。当然，后一件事通常是在若干种不同路线的公交车共用同一候车站时才会发生。

下面，我们用概率思想来分析一下“刚好没有赶上”这件事吧。假设公交车每隔 10 分钟来一趟，而我到达车站的时刻是不确定的，或者说我不同时刻到达车站的可能性相同。那么，“刚好没有赶上”是什么意思呢？

实际上它是由两种极限状态所夹住的一个时间段：一种极限状态是，当我走到能看见车站的某个固定位置时，正好看到远处开来的车，但是来不及在公交车离开前赶过去，所以内心的感受就是“刚好没赶上”；另一种极限状态是，当我走到能看见车站的某个固定位置时，看到某辆车已离站一段，但并没有远离到看不清的程度，这时我也会产生“刚好没赶上”的心理印象。

为什么总是赶不上公交

如下图所示，我们把时间表示成一条直线，红色三角指示的点对应公交车关门的那一刻。在这一刻两侧各有一个时间段，用绿色长方形表示。接下来，如果我们走到能看见车站的某个固定位置的时刻恰好位于长方形范围内，就会产生“刚好没有赶上”的印象。假设公交车的运行非常有规律，并且“我们走到能看见车站的某个固定位置的时刻”在时间轴任意一点上的可能性都相同（用数学术语来说就是均匀分布，也叫作矩形分布，它指在相同长度的分布概率是等可能的），那么“刚好没有赶上”发生的概率就是绿色长方形的长边长度与两个红色三角之间距离的比值。**这个比值在不同的具体情境中必然不同，但一般会在 0.2~0.4 之间**。结合生活经验，比如假设公交车大约每 10 分钟一趟，而从汽车进站到开走大约要两三分钟，可以粗略估计出这个比值约在 0.25 左右。这个概率看起来似乎不大，但是人的心理感受常常会加深这种不顺心的体验，简单地说就是“坏事儿总是令人印象深刻些”。

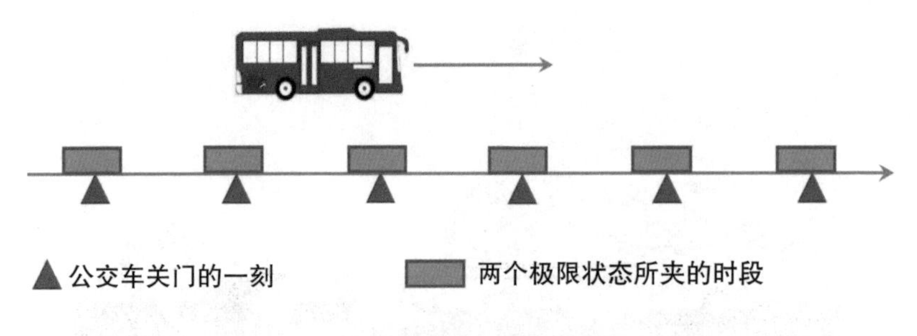

用概率解释赶公交事件

关于“我要乘坐的车总是迟迟不来，不要坐的车却是来了又来”这件事，有兴趣的读者可以试着用概率思想解释一下，再讲给身边的亲友听听，看看你的解释能不能令人信服。

知识链接

我坐的车怎么还不来?

在生活中，我们总会遇到“我坐的车总不来”的情况，这是怎么回事呢？我们先把条件设得具体些：假设一个公交车站有6种不同的车，其中只有1种是我们要乘坐的；由于对各种车的日常运行规则不熟悉，假设我们到达车站的时候，每种车到站的概率都相等，均为$\frac{1}{6}$。一般来说，如果某种公交车刚来了1辆，那么，接下来的短时间内它也就不会来了。按照上述假设，在我们到达车站之后，到达的第一辆车就是我们要坐的车，这件事发生的概率为$\frac{1}{6}$。如果第一辆不是我们要坐的车，那么第二辆车呢？由于刚来的那种车短时间内不会再来了，所以接下来5种公交车各自出现的概率相同，因此第二辆车是我们要坐的概率为$\frac{1}{5}$；如果也不是，就继续等待，第三辆车该是我们要坐的车了吧？同理其实这种概率只有$\frac{1}{4}$。按照这样的分析，连等三辆都不是的概率是

$$\left(1-\frac{1}{6}\right)\times\left(1-\frac{1}{5}\right)\times\left(1-\frac{1}{4}\right)=\frac{1}{2}$$

需要说明的是，你的心理感受还与现实情境的加成效果有关。通常等公交车时你都是正想赶往某处，那么等不来车就会带来更为显著的负面情绪，从而放大了概率本身实际的感觉。我们换个情境：假设6个彩蛋中只有一个有奖品（而且是一个对你来说可有可无的小奖品），那么接连敲碎3个彩蛋都没有中奖的概率也是$\frac{1}{2}$，所涉及的基本模型及计算过程和前面完全一样。但是你却不会感到这是件多么遗憾的事情，哈哈一笑也就过去了。

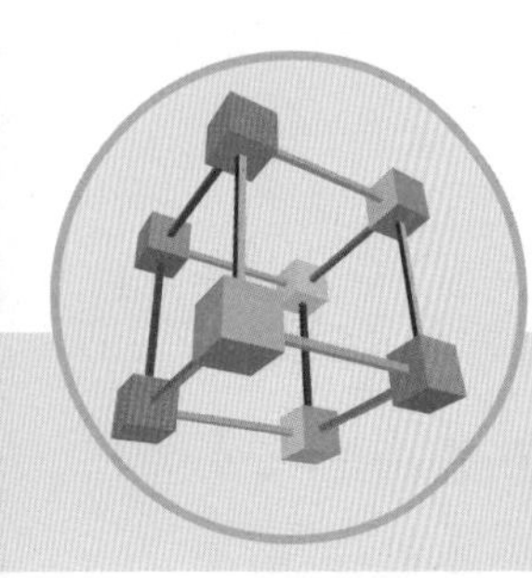

π 的故事

撰文/徐丁点

学科知识：

圆周率　周长　直径　相交

什么是圆周率？提到这个问题，大家往往会脱口而出：圆周率是圆的周长与直径的比值。但是你知道吗？这个比值是一个恒定的常数。我们所熟知的 3.14 只是圆周率的近似值，精确的圆周率是一个无限不循环小数，它拥有无穷位的数字，且没有规律地排列着，令人倍感神秘。

π 可以这样来计算

在探索 π 的道路上，不同国家的数学家们采取了不同的方法。中国人对 π 值计算做出显著贡献的当属刘徽和祖冲之两位数学家，他们用割圆术的方法计算出了 π 值；而国外的一些数学家则利用某些数学公式计算出了 π 值。

刘徽（左）和祖冲之（右）

知识链接

割圆术

计算圆周率既需要智慧也需要方法。我们知道，通常在一个圆里面画内接正多边形，并计算这个正多边形的总边长，就可以得到圆周长的近似值——这种方法就称为“割圆术”。

当代数论大师、挪威数学家阿特勒·塞尔伯格表示，他之所以喜欢数学，是因为德国的莱布尼茨给出的计算 π 的公式深深地吸引着他。奇数 1、3、5、7……以如此简洁的形式组合在一起竟然可以算出神秘的 π（见下图右侧公式），这就宛如一幅优美的画卷或一首动听的歌曲，成功地激起了人们对数学研究的热情。

弗朗索瓦·韦达　法国数学家

利用倍角公式和数列极限给出根式形式公式

$$\frac{2}{\pi}=\frac{\sqrt{2}}{2}\times\frac{\sqrt{2+\sqrt{2}}}{2}\times\frac{\sqrt{2+\sqrt{2+\sqrt{2}}}}{2}\times\cdots$$

戈特弗里德·威廉·莱布尼茨　德国数学家

从一个简单的反三角函数恒等式 $\arctan 1=\frac{\pi}{4}$ 出发，借助求导、级数展开和定积分等工具得出

$$\frac{\pi}{4}=1-\frac{1}{3}+\frac{1}{5}-\frac{1}{7}+\cdots$$

约翰·沃利斯　英国数学家

将莱布尼茨公式通过简单的代数转换，形成连分数形式

$$\pi=\cfrac{4}{1+\cfrac{1^2}{2+\cfrac{3^2}{2+\cfrac{5^2}{2+\cdots}}}}$$

莱昂哈德·欧拉　瑞士数学家

利用多项式理论给出无穷级数形式公式

$$\frac{\pi^2}{6}=1+\frac{1}{2^2}+\frac{1}{3^2}+\frac{1}{4^2}+\cdots$$

如果说π的某些近似表示或推导过程让人感受到数学的简洁和精妙，那么法国科学家蒲丰的投针实验则开启了用统计思维观察和分析世界的大门。这个实验操作很简单：在一张白纸上画一组间距为d的平行线，将一根粗细均匀、长度为$\frac{d}{2}$的细针反复随意投掷到白纸上，记录下投掷的总次数n和针与平行线相交的次数k，比值$\frac{n}{k}$就可以作为圆周率π的近似值，投掷的次数越多，$\frac{n}{k}$就越接近圆周率π的数值。其中的数学原理如下：设细针的长度为l（$l<d$），则根据概率论和微积分的知识可以得出细针与平行线相交的概率$p=\frac{2l}{\pi d}$，变形为$\pi=\frac{2l}{pd}$，将其中概率p的值用比值$\frac{k}{n}$来近似替代，就可得到圆周率的估计公式$\pi\approx\frac{2ln}{kd}$。当取$l=\frac{d}{2}$时，公式化简为$\pi\approx\frac{n}{k}$。当投掷次数越多时，$\frac{k}{n}$就与概率p越接近，从而$\frac{n}{k}$就与π的数值越接近。

投针实验是人类首次使用随机方法处理确定性问题，开辟了π值估计的一条全新道路。在此基础上，人类依托计算机技术的进步，孕育出一种全新的数学方法——随机模拟法（又称蒙特卡洛法），这种方法已成为现代社会解决复杂实际问题的一种强大工具。

π的妙用

人们对π的小数位数字追求的动力，一方面来自破纪录的好胜心，另一方面也源于现实生活的实际需要。在计算机技术高度发达的今天，如何检测一台计算机的性能以及比较两台计算机的性能差异是很现实的问题。而 π 作为一个无限不循环小数，又拥有众多的计算方法，因此它自然成为用计算机进行运算并用作检测其性能的一个指标。

对 π 的小数位数的计算已经成为工程师检验计算机可靠性、精确性、运算速度以及容量的有力手段。让检验过的 π 值计算程序在待测机上运行，看是否能够多次准确无误地计算到预估的精度，从中发现计算机硬件或软件中存在的问题，这对于投入使用之前的新机测试具有重要意义。例如，1986 年，利用 π 值的计算程序，成功检验出一批“克雷 -2（CRAR-2）”型电子计算机中的一台有某些模糊的硬件问题；又如，当英特尔公司推出奔腾 CPU 时，就通过对 π 的计算找到程序设计上的一个小问题。到了 1995 年，日本东京大学的计算机专家更是制作出世界上第一个计算 π 值的软件——Super PI，可用于测试计算机 CPU 的稳定性和运算速度。

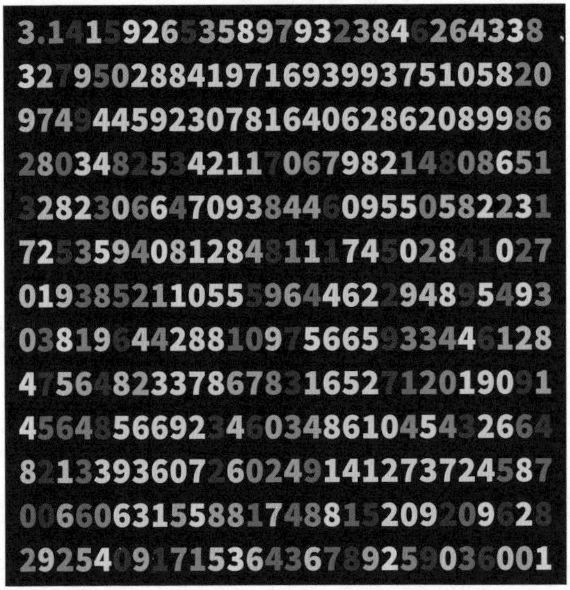

3.14159265358979323846264338
3279502884197169399375105820
9749445923078164062862089986
2803482534211706798214808651
3282306647093844609550582231
7253594081284811174502841027
0193852110555964462294895493
0381964428810975665933446128
4756482337867831652712019091
4564856692346034861045432664
8213393607260249141273724587
0066063155881748815209209628
2925409171536436789259036001

可以通过计算 π 的位数来检验计算机的性能

高效地算出更多位数的π值，推动着计算机技术和制造业不断向前发展。正如屡次创造计算π值纪录的日本计算机专家金田康正所说：“挑战圆周率的计算纪录对于计算机的性能和改进是非常有益的。”与此同时，计算机也能帮助检验π值计算公式的优劣。即用同一台计算机在相同条件下采用不同公式计算π到相同位数，看哪一个公式所需时间少。1991 年，两位中国工程师李文军和梁建平在同一台计算机上，分别用高斯的公式 $\pi=12\arctan\frac{1}{4}+4\arctan\frac{1}{20}+4\arctan\frac{1}{1985}$ 和李文军的公式 $\pi=16\arctan\frac{1}{5}-4\arctan\frac{1}{240}-4\arctan\frac{1}{57361}$ 进行前 20 位π值的计算，发现后者所用时间更短。

在信息传播领域，为保证信息交换过程中的安全，需要研制安全可靠的加密机制，密码学随之诞生和发展。由于π拥有无限数位，并且其数位数字的排列具有随机性和均匀分布的特点，所以π能够提供安全而充足的加密编码，同时也消除了被统计分析方式破解的风险，因此常数π在密码学中也发挥着独特的作用。基于π值的算法有很多种，例如，有一种矩阵加密算法是从π的数位数字中提取元素来构建加密矩阵，得到的矩阵没有任何规律性，使得加密后的密文也没有规律性。密文的解密只有选择相同的加密矩阵，算出逆矩阵，用逆矩阵推导出原文信息即可。对于不同保密等级的信息，可以通过设定加密矩阵的阶数来实现密码复杂度的变化。而π作为一个取之不尽的“码源”，保证了任意阶矩阵构造的可能。

圆周率 π 自从诞生之日起，便与人类一起同行。它所包含的数字的无穷性和均匀分布性为其增添了神秘色彩，它的精确表达公式展现出清晰深刻的一面，它的广泛应用又拉近了与人们的距离。π 就像一个精灵，自由地跳动在理想和现实两个世界中。你是否会爱上这个神奇的精灵呢？

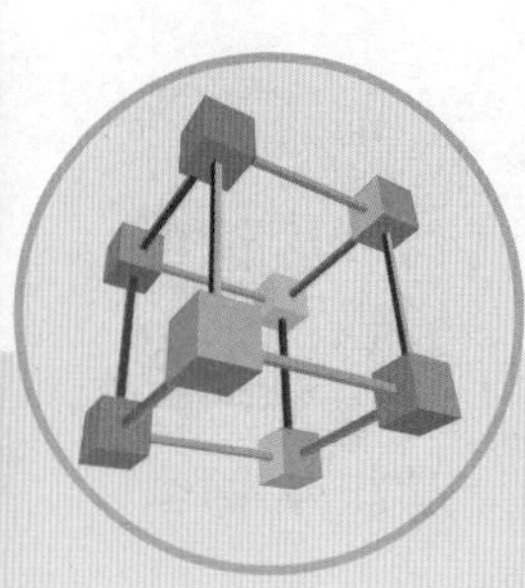

漫谈古诗与数学

撰文 / 郑霁光

学科知识：

公理　对称

谈论诗歌与数学时，有人专注于介绍诗歌中数字与图形的运用，譬如“一去二三里，烟村四五家”“大漠孤烟直，长河落日圆”，但数字与图形很难在整体上代表数学；有人将古代数学著作中的问题或解答作为诗歌来探讨，譬如“三人同行七十稀，五树梅花廿一枝，七子团圆正半月，除百零五便得知”(《算法统宗》)，而这些著作很难说能代表古代诗歌。或许我们可以从宏观的角度来认识数学与古代诗歌的关系。

明代数学家程大位被称为“珠算鼻祖”，著有《算法统宗》

公理与形式

数学与诗歌都遵循一定的理论范式。譬如，公理系统是数学的重要根基。

对应地，古诗中的律诗、绝句、词、曲都遵循一定的规范形式。虽然常见体裁一直在变，但诗歌理论的传承与革新赋予了其强大的生命力。《诗经》中的“六义”——风、雅、颂、赋、比、兴，前三者为诗体分类，后三者为表现手法。从《诗经》中常见的四言诗，唐诗中常见的五言诗、七言诗，到宋词中常见的长短句，再到元曲等，每个时代常见的诗歌体裁和时代背景有着深刻的联系，然而，对起承转合的运用，对格律与对仗的讲究，对美的追求和情感表达是一脉相承的。

诗歌与数学都遵循一定的范式

知识链接

欧氏几何的大厦建立于如下五条公理之上：

（1）过相异两点，能且只能作一条直线；

（2）任意线段可以无限延伸；

（3）以任意一点为圆心，任意长度为半径，可以作一圆；

（4）凡是直角都相等；

（5）在平面内，过直线外一点可且仅可作一条直线与该直线平行。

修改公理（5）可以得到不同的非欧几何学，如双曲几何与黎曼几何。

符号与象征

数学符号让人们能更好地推广与使用数学这个工具。那么，诗歌中的符号是什么呢？原来，这是一些带有象征意义的字词。比如，“子衿”是以衣服指代有才能的人或恋人，“青青子衿，悠悠我心”；“莲”通“怜”，故言莲多爱慕之意，“低头弄莲子，莲子清如水”；“秋风”多感伤，“人生若只如初见，何事秋风悲画扇”；“柳”通“留”，故言柳多送别或思乡之意，“昔我往矣，杨柳依依”“此夜曲中闻折柳，何人不起故园情”。此外，落花、乱红、夕阳、子规、鸿雁、羌笛等常见的字词也往往是诗人表达感情的符号，是读者理解诗歌的基本意象。

“莲”通“怜”，故言莲多爱慕之意

对称与对仗

德国数学家、物理学家赫尔曼·外尔有本知名的小册子《对称》，基于群论介绍了对称的概念与旋转不变性，以及对物理学中对称的思考。**在中学数学里面，函数的奇偶性、函数与反函数、平面几何的轴对称和中心对称，以及图像的平移和旋转等都涉及对称性**。理解对称思维无论是在初等数学还是在高等数学中都非常重要。

与此对应，中国古代诗歌中的对仗和互文见义是某种对称性的体现。将满足韵律要求的同类意象分别写入上下两句，让表达的内容深刻别致，朗朗上口。譬如“落霞与孤鹜齐飞，秋水共长天一色”“鸟宿池边树，僧敲月下门”“身无彩凤双飞翼，心有灵犀一点通”……骈文与律诗推动了楹联的发展，让对仗工整的对联进入千家万户。

自然界的对称性（近似对称）

读诗与解题

诗歌注重语言与意境。通过读诗并结合背景去感受诗人写诗时的环境和心境，去理解当时诗人在想什么，做什么。屈原说“惟草木之零落兮，恐美人之迟暮”，其中的美人用于指代君王；朱庆馀的“妆罢低声问夫婿，画眉深浅入时无”暗藏着诗人临考前征求意见。要读懂诗歌，体会诗歌之美，就要推敲用词之妙，感受“两句三年得，一吟双泪流”；亦要透过现象看本质，体会“假语存、真事隐”。

数学强调本质与意义。解题的过程亦是要透过问题的表象去探索内在的规律。爱因斯坦说：“纯粹数学，就其本质而言，是逻辑思想的诗篇。”

“文似看山不喜平”，一个好问题往往需要人的思维拐几道弯才能解答出来。答案常常被隐藏在严密的逻辑推理之后，把握问题的核心才能不被表象所迷惑。比如多面体很多，正多面体却只有五种。此外，分类问题是数学中很迷人的问题，可以让复杂的问题明朗化，使问题的结构更清晰。诗云：“不畏浮云遮望眼，自缘身在最高层。”

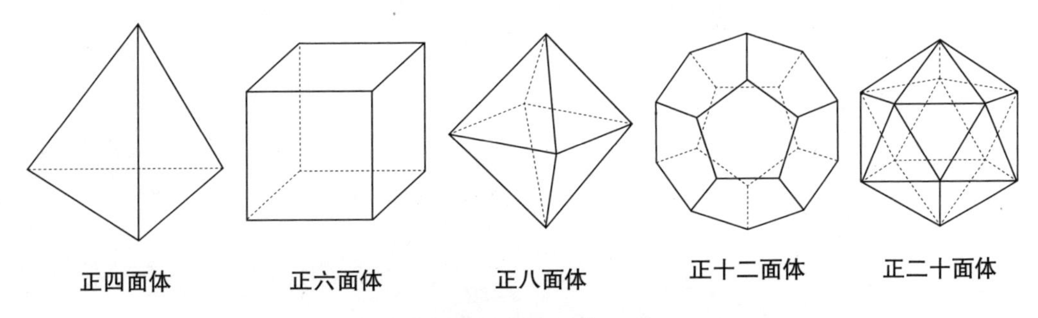

正多面体有且仅有五种

注：正六面体也称立方体、正方体。

不畏浮云遮望眼，自缘身在最高层

荀子在《劝学》中说："登高而招，臂非加长也，而见者远；顺风而呼，声非加疾也，而闻者彰……君子生非异也，善假于物也。"因此，充分利用好数学这个工具，我们方可在科学的道路上奋勇前行，上下求索。

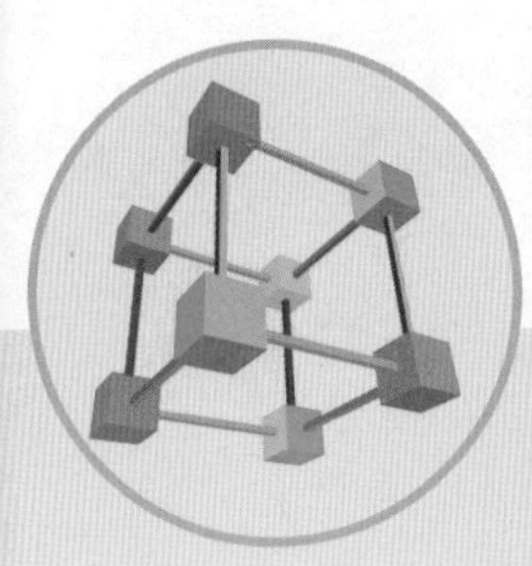

微积分诗歌趣读

撰文 / 李尚志

学科知识：

微积分　一次函数　路程　速度　时间

很多武侠迷都喜欢读金庸的武侠小说，因为里面有很多令人津津乐道的“神功”，而且要修炼这些功夫，一般需要内功（指导思想）和外功（招式）一起。以内功（指导思想）为基础，外功（招式）才能发挥自如。虽然现实生活中没有金庸笔下的这些“神功”，但是，这种内功和外功之间的“底层逻辑”却可以运用在很多方面，比如通过诗歌更好地理解和运用定理和公式。诗歌不是工笔画而是写意画，它不能像数学语言那样严格地讲述定理和公式，但是却可以讲述指挥这些定理和公式的想法，帮助我们领会到这些定理和公式的真谛。以下四首诗通过浪漫的比喻和生动的形象介绍了一元微积分中四个专题的主要思想。

微分

凌波能信步，

苦海岂无边。

函数千千万万，

一次最简单。

函数千千万万，千变万化，太复杂，难以研究，犹如无边苦海。怎么逃出这个苦海？将难以研究的函数转化为最简单的一次函数来研究，这就是微分。

金庸武侠小说中，段誉学了“凌波微步”的逃命功夫，打不赢就跑。虽能凌波而不沉入苦海，毕竟还需要小心翼翼地“微步”，生怕步伐太急太重堕入水中。我们改成信步，便可以随意进退。变成“打不赢就跑，跑到打得赢的地方再战而胜之”。有什么绝招可以如此潇洒？绝招就是“一次最简单”。曲线弯来弯去很复杂，过程时快时慢很复杂。**曲线与过程可以分成很多小段，每段很短来不及转大弯，来不及变快慢。如果更接近直线段和匀速变化，就变简单了。短就是微，分成很短的小段，就叫作微分。**越微越接近直线和匀速。匀速运动的路程 = 速度 × 时间，最容易算：速度不变，只有时间变化，这是最简单的公式。如果速度也随时间变化，那么计算速度就要考虑每小段的时间，计算就很复杂。分成小段算，“微分”变成一次函数，这就是“凌波微步”打不赢就跑。一次函数最简单，可以轻松取胜。解决难题的法宝都是把它变简单再解决。

水鸟施展“凌波微步”技艺

泰勒展开

漫天休问价，

就地可还钱。

我有乘除加减，

翱翔天地间。

研究复杂变化太困难，加减乘除不够用，有很多问题不能用加减乘除解决，需要更复杂的算法，统称“超越函数”，犹如面对“漫天要价”。如果能变成最简单的一次函数来研究，这是“就地还钱”。难题不见得都能变到最简单，太简单了就不够精确。因此需要折中，“涨一点价”提高精确度，又不要涨得太多。如果只求速度和切线方向，变成匀速和直线，算一次函数就够了。如果要进一步研究速度的变化快慢，研究曲线的不同弯曲程度，研究极大极小值，一次函数不够，就“涨”到二次函数。如果精确度还不够，再“涨”到三次、四次以至更高次函数。不管多少次，只要还是用加减乘除，就还可以算，并且通过无限地提高次数，无限逼近完全精确，这就是泰勒展开式。这总比加减乘除之外的“超越函数”容易。凭借加减乘除这样简单的计算方式，就能在“超越函数”这个“天”与“一次函数”这个“地”之间自由翱翔，游刃有余。

定积分

一帆难遇风顺，
一路高低不平，
平平淡淡分秒，
编织百味人生。

粗看起来，这首诗不是讲数学，而是讲人生。人生难得一帆风顺，总是高低不平。人生由分分秒秒组成，每分每秒太短暂，来不及有惊天动地的业绩。把平凡的工作做好，说不定哪一天就获得意外的惊喜。无数个平平淡淡埋头苦干的分秒，积累起来编织出丰富多彩的百味人生。

算路程，最简单的算法是速度乘时间，但这就要求速度不变，即匀速运动。算面积，最简单的算法是长方形面积等于底乘高，但这就要求高不变。世界上的事情没有那么幸运，很难遇到一帆风顺的匀速运动，很可能有快有慢；也很难遇到高度不变的情况，图形可能高低不平，有起有伏。有快有慢的运动怎样求路程？高低不平的图形怎样求面积？把有快有慢的运动分成很多小段来计算，每段都对应一段很短的时间，短得都来不及变化，即成为速度基本不变的“平平淡淡分秒”，可以按速度乘时间算出每小段路程，再相加得总路程。高低不平的图形可以分成很多小竖条来计算，每条的高度来不及变化，可以按高度基本不变的长方形，用底乘高来算面积，再相加得总面积。这样，千变万化的运动过程或高低不平的图形面积，就被分割成了基本不变的小段或小条，每段或每条的计算都简单而平淡，最终，编织起来就是精确的总路程或丰富多彩的复杂图形。人生也是一样，不要幻想突然出现惊天动地的变化，而应做好每分每秒，这样编织起来就是千姿百态的人生。

行船难遇一帆风顺（供图 / 全景）

原函数

量天何必苦登高，

借问银河落九霄。

直下凡尘几万里，

几多里处宴蟠桃？

定积分很难，好比登天去量天的高度一样难。

为什么一定要自己从下往上量天的高度呢？可以反过来逆向思维：从上往下度量，自己不能从天上直接测量到地面。这里借用李白的诗

句“疑是银河落九天”进行说明。我们想象一下，让银河度量一下从九霄到凡尘的路程，不就是天的高度了吗？银河从天到地有多远，也就是从地到天有多远。

李白诗云“疑是银河落九天”

匀速直线运动求路程，就是速度乘时间。因为在匀速直线运动中，从头到尾速度不变，无论哪一段的速度乘时间，得到的路程都正确。如果是变速运动，速度有快有慢，用某一段的速度乘整个时间，得出的路程就不正确。此时可以把运动过程分成很多小段，每小段的速度乘时间得到该小段路程，再把各小段路程加起来得到总路程。分得越细，误差越小。但是，这个方法很难。更好的方法是逆向思维，不由速度求路程，而由路程求速度。看哪一个路程函数求出的速度函数与已知的速度函数相吻合。这个路程函数就是正确的。这个方法大家可以在今后的数学学习中详细了解。

逆向思维有另一个容易懂的好例子：我小时候看电影，电影中的人物一跳就跳到了城楼上。当时世界跳高纪录只有 2.2 米左右，电影中的演员跳上城楼显然超过了世界纪录。那时我就想：为什么这些演员不参加世界跳高比赛打破纪录呢？后来看见一则介绍电影特技的短文，才知道演员跳不了那么高。他们跳不上去，但能跳下来。演员从城楼上跳下来，拍成电影胶卷，然后倒着放映胶卷，就变成从下面跳上去了。

所以说，做事情不能太死板。哪件容易就先做哪件，做出容易的来可以帮助你攻克难的。